桃苗木繁育技术

王 鸿 主编

中国农业出版社
北 京

图书在版编目（CIP）数据

桃苗木繁育技术 / 王鸿主编．-- 北京 ：中国农业出版社，2024. 9. -- ISBN 978-7-109-32561-6

Ⅰ．S662.1

中国国家版本馆 CIP 数据核字第 2024HT4694 号

桃苗木繁育技术

TAOMIAOMU FANYU JISHU

中国农业出版社出版

地址：北京市朝阳区麦子店街 18 号楼

邮编：100125

责任编辑：黄　宇　　文字编辑：王禹佳

版式设计：杨　婧　　责任校对：吴丽婷

印刷：中农印务有限公司

版次：2024 年 9 月第 1 版

印次：2024 年 9 月北京第 1 次印刷

发行：新华书店北京发行所

开本：880mm×1230mm　1/32

印张：6.25

字数：200 千字

定价：60.00 元

主编：王　鸿（甘肃省农业科学院林果花卉研究所）

参编：陈建军（甘肃省农业科学院林果花卉研究所）

张　帆（甘肃省农业科学院林果花卉研究所）

张雪冰（甘肃省农业科学院林果花卉研究所）

杨　阳（甘肃省农业科学院林果花卉研究所）

杨泽华（甘肃省农业科学院林果花卉研究所）

郝兰兰（甘肃省农业科学院林果花卉研究所）

目录

第一章···
桃苗木繁育现状

第一节　桃苗木繁育的意义与现状

品种纯正、砧木适宜的优质苗木是早果、丰产、优质、高效的先决条件。目前，我国桃苗木的繁育大多采用种子砧，桃种子为杂交种，后代性状分离广泛，影响了苗木的一致性，不利于后期标准化生产，同时也无法保障果品产量、品质、抗逆性和经济寿命等性状的一致性。理想的苗木繁育，砧木部分应选择优良的抗性砧木品种，采用无性繁殖方法保持砧木品种固有的、统一的优良性状。桃树为多年生植物，一旦栽植就要在同一地方生长若干年，一般栽后2～3年才进入结果期，因此，苗木的繁育就更为重要，培育品种纯正、砧木适宜、生长健壮、无检疫对象及病毒危害的优质苗木，是桃苗木繁育的基本任务。

一、生产现状

近年来，我国桃产业在新品种选育、栽培技术研发以及采后贮运加工等方面发展迅速，带动了桃苗木的需求量不断增加，并且，生产者对苗木质量也提出了更高要求。与此同时，国内相关的苗木企业、小型经营户以及部分个体纷纷加入育苗行业，带动和促进了我国桃苗木产业的发展。20世纪90年代末以来，我国桃产业发展较快，桃苗木产业也因市场而繁荣。此期间我国制定了国家标准《桃苗木》（GB 19175—2010），并制定了行业标准《桃种质资源描述规范》（NY/T 2923—2016），同时地方各级相关职能部门也都制定了与之相适应的苗木生产地方性行业标准，对桃品种及苗木行业进行了规范。

1998 年，农业部在中国农业科学院郑州果树研究所筹建了郑州果品及苗木质量监督检验测试中心，承检国内果品、苗木和种子的质量，并承担对地方同类产品质检机构进行技术指导与人员培训，和国家标准、行业标准的制定、修订及有关标准的试验验证工作。这些都对我国桃苗木产业的健康有序发展起到了积极作用。

2017 年国家桃产业技术体系对我国 16 个桃主产省份进行调查，结果显示，我国桃苗木繁育主要以果农个人和合作社为主，占比近 70%，育苗公司和科研单位占比较低，只占到了 5.7%和 1.14%。在育苗方式上多数地区主要以秋季大田直接播种，翌年 5—6 月嫁接，嫁接当年出成苗为主。北方则多在 8 月嫁接，嫁接当年或翌年春出芽苗，或翌年秋出成苗。

砧木应用方面，当前我国毛桃砧木苗占比最多，为 73%，其次是山桃砧木苗，占比 14%，还有少量青州蜜桃砧木苗和新疆桃砧木苗。从育苗个体年出圃苗木数量来看，当前我国小规模桃育苗个体以少于 5 万株出圃规模为主，还有 5 万～10 万株和 10 万～20 万株规模的个体。小规模育苗个体数呈逐年减少的趋势，而 20 万～30 万株和 100 万株左右规模的育苗个体数呈逐年增加趋势。

从亩*出苗量来看，有 50%以上的育苗个体，毛桃和山桃砧木出苗量为 5 000～10 000 株，25%左右的育苗个体毛桃和山桃砧木出苗量为 10 000～20 000 株，亩出苗量大于 20 000 株的个体很少，这些个体主要以繁育和出售砧木苗为主。

育苗过程机械化程度不高，在播种环节，有 87.67%的育苗个体仍然采用人工播种，9.13%的育苗个体采用半机械播种，只有 3.2%的育苗个体采用机械播种；在起苗环节，有 85.39%的育苗个体采用人工起苗方式，8.68%的育苗个体采用人工机械结合的起

---

* 亩为非法定计量单位，1 亩约为 667m^2。——编者注

苗方式，只有5.93%的育苗个体采用机械起苗方式，在播种和起苗2个主要育苗环节机械化水平还很低。

整体来看，我国桃苗木繁育方法单一，总体技术水平低，苗木质量差。新的育苗技术的出现弥补了传统露地育苗的不足，使得苗木繁育工作突破了时间、空间的限制，组培工厂化生产基地的建设、组培繁育、生物技术、保护地育苗、容器育苗、无土育苗、全自动温室育苗、全自动喷雾扦插育苗、苗木的工厂化嫁接等现代育苗技术逐步应用，为桃苗木繁育技术的发展奠定了基础。

二、存在问题

（一）苗木品种混乱

育苗企业和个体缺乏专业的采穗圃、采种圃，种子、砧木的纯度和质量难以保证；市场上品种、砧木混乱，建园后由于砧木后代分离严重，园貌不整齐，影响标准化生产及果品的产量和质量。

（二）苗木质量不高

苗木生产不规范，育苗者为了追求利益最大化，在苗木生产过程中盲目加大播种量和密度，盲目选择砧木，不注重苗木病虫害防治，生长环节大肥大水，造成苗木不充实，根系不发达，适应性和抗逆性差。

（三）知识产权保护不够

桃苗木以分散生产方式为主，一个生产者通过合法渠道购买了新品种，周边的果农就可通过自繁自育方式获得新品种苗木进行生产，而育种者没有能力、途径进行控制和保护。一个经过几十年培育的品种一旦进入市场，就会被众多育苗单位迅速扩繁，甚至更改名称。

（四）机械化程度低

桃树育苗全成本的85%以上用在了播种、锄草、嫁接、苗期管理、起苗、假植等方面，在我国只有少数较大的育苗企业在起苗或播种过程中实现了机械化，大多数育苗个体在育苗过程中仍然是人工操作，造成苗木质量差异较大、成本偏高。

（五）产业化程度不高

在我国，当前桃苗木繁育主要以私人个体以及合作社为主，导致苗木市场品种混乱、质量不一、价格不稳定、育苗个体间恶意竞争，且桃苗木追溯体系建设尚不健全，桃砧木的品种化尚不普及，人们对新品种的知识产权保护意识不强。同时育苗者对苗木市场信息把握不当，造成苗木销路不畅、市场流通不活，导致区域性或结构性发展不平衡。

（六）砧木应用缺乏科学依据

目前存在育苗主体对砧木是否适应不同气候和立地条件、是否抗病或具有特殊特性缺乏认识的问题，只根据进货渠道简单、成苗快、成本低的原则育苗。同时有些苗木企业急于求成，追求利益，不经过严格的区域试验而夸大宣传推广，加上果农的盲目选择，造成许多产区选择砧木不当，严重影响后续生产效益。

第二节　桃砧木育种研究进展

用于商业化生产的桃苗木通常在砧木上嫁接繁殖，砧木的选择决定了苗木能否在不利的土壤或生态条件下生存和生长，例如寄生线虫、真菌导致的根腐病、高 pH 或其他果园再植问题。砧木通过提高存活率、控制生长势、增大果个、提高产量和质量来提高生产力和效率。因此，当桃树必须生长在存在贫瘠、干旱、盐碱、有寄生线虫、有根腐病病原菌、高 pH 的土壤上，或有其他再植问题的果园中时，砧木与接穗品种的选择同等重要。通过为每种土壤或地点选择合适的砧木，可以显著提高桃树的存活率和生长势。

砧木还可以影响接穗活力，并促进早果、提升生产效率、增大果个和提高果品质量。因此砧木是桃苗木培育的基础，不同的砧木对不同的生态地理环境适应性不同，因此砧木的品种化是苗木发展的必然趋势，目前世界范围内可用于桃树生产的砧木数量急剧增加。

早期桃砧木的选种出现在桃嫁接繁殖兴起以后，虽然有较长的历史，但比桃品种的育种要晚。直到20世纪上半叶，砧木通常是从随机的实生群体中选择的，选择个体主要是因为其良好的繁殖能力。20世纪下半叶，随着种间杂交的增加，砧木育种取得了重大进展，将理想的多种抗性性状组合在单个砧木中。不同李属物种之间的杂交赋予了桃所缺乏的特性，如生长在黏重、水涝、盐碱、干旱、有真菌病和线虫的土壤中。

一、国内外桃砧木育种历史、现状与发展趋势

现在普遍认为，利用根据遗传特性和环境适应性选择的砧木，可以取得可观的技术和经济优势。20世纪50年代，欧洲开始采用更适合先进种植技术要求的砧木，尤其在高密栽培模式下，矮化砧木就显得尤为重要。当桃开始大规模种植到土壤和气候条件不完全适合的地区时，对各种抗性砧木的需求就越发紧迫。在国外，具有特殊抗性的砧木已在桃苗木产业中广泛使用，需求正在增加，我国近年来也开始关注综合抗性优良的新砧木，这促使许多科研机构、企业和育种个体致力于开发出更符合现代栽培模式的新砧木。在欧洲，法国、西班牙和意大利等国的研究尤其活跃，我国近年来推出了几个桃抗性砧木，从国外引进的无性系砧木也逐步应用于生产。

法国农业科学研究院（Institut Nationale de la Recherche Agronomigue，简称INRA）从20世纪40年代开始对桃砧木进行遗传改良和评估，INRA一直致力于从普通砧木中选择新品系和无性系，并致力于开发多种亲和的种间杂种。除了评估主要的生物农艺参数外，INRA的注意力还集中在确定对主要的生物和非生物胁迫源的敏感性，以便选择最耐受或最具抗性的砧木。法国主要以桃与扁桃种间杂交为基础，后来开始培育新的桃×山桃杂交种。同时，INRA启动了使用不同李属植物进行杂交的计划，目的是创造对涝害、线虫、根腐病具有更强抗性的基因型，并改善嫁接亲和力和矮化性状。长期以来，INRA开展了大量复杂的遗传改良工作，培育了大量的桃砧木，其中一些已在地中海沿岸国家广泛采用，最新的基因改良计划正在进行，通过标记辅助选择将桃、扁桃、樱桃

李的抗性基因聚合到一个砧木中，培育复合抗性品种。

意大利桃砧木遗传改良始于20世纪50年代末，由F. Scaramuzzi教授组织开展，杂交或筛选意大利及其他地中海沿岸国家不同地区的李属品种和野生类型，并进行系统评估。后来由F. Loreti、R. Guerriero和R. Massai等专家在意大利比萨大学（University of Pisa）陆续开展的研究主要涉及李、杏，尤其是桃砧木的遗传改良计划。桃砧木培育的目标是：苗圃中生长一致，与大多数桃和油桃品种嫁接兼容，不同程度的矮化以便于适应不同的土壤肥力和果园系统，提高生产效率，提高果品质量以及对生物和非生物胁迫的抗性或降低敏感性，特别是根系耐水淹、耐盐、耐干旱、缺铁黄化病和再植问题，该项目成功地培育出了不同矮化程度的耐性桃和种间杂交砧木。意大利另一个致力于桃砧木遗传改良的机构是意大利罗马水果种植实验研究所（Experimental Institute of Fruit Growing in Rome），研究始于20世纪70年代后期，主要集中在耐涝和耐碱性土壤的砧木上，对大约100个李品种的实生种子进行了评估。1995年以来，意大利的桃砧木遗传改良评价工作由农业和林业相关部门通过2个国家项目协调和资助。第1个项目“砧木的遗传改良”重点是通过杂交和选择程序，以及通过生物技术方法培育砧木；第2个项目“砧木评估”重点评估了意大利较常用的砧木，由大学研究所、实验站和生产者协会成员组成的14个单位参与了该项目的工作。

在西班牙，桃砧木的选择始于20世纪60年代，当时已选出可通过硬枝扦插繁殖的 *P. insititia* 无性系，是在萨拉戈萨的阿拉德实验站（Estación Experimental de Aula Dei，简称EEAD）利用Pollizo de Murcia种质培育成的，由于其易于根蘖繁殖，并且对缺铁性黄化病和盐碱具有耐受性，因此被广泛用于当地苗圃。为了避免根蘖传播病毒的风险，后来EEAD、农业科技中心（Centro de Investigación y Tecnología Agroalimentaria de Aragón，简称CITA）以及穆尔西亚的农业科学研究中心（Centro Regional de Investigaciones Agrarias de Murcia，简称CRIA）开展了更多的

Pollizo 育种计划，致力于寻找具有天然高生根潜力的品种。在EEAD，桃×扁桃杂交种的选择始于 1970 年，研究人员从西班牙各地收集鉴定实生杂交种，工作主要集中在无性繁殖的便利性、与桃和扁桃嫁接的兼容性以及对缺铁性黄化病的耐受性上。后来，这些研究机构和私人苗圃（Agromillora Catalana SA）开始选育耐盐碱、干旱和贫瘠的砧木，所有这些研究都代表了西班牙较重要的桃产区（Aragón、Catalonia 和 Murcia）的特点。研究者开展了多亚属的受控种间杂交。西班牙一家公司开发的 ROOTPAC 系列砧木，来自 1996—2012 年实施的核果类育种计划，旨在获得适应集约化的高产矮化新砧木。该育种计划使用了 98 个亲本，进行了 427 次定向杂交，获得了 68 个优株，在西班牙 27 个地点和国外 12 个地点进行了 98 次田间试验，最终选出了 ROOTPAC 系列 5 大品种，即 Rootpac 20、Rootpac 40、Rootpac 70、Rootpac 90 和 Rootpac-R。

美国桃砧木的发展始于 20 世纪初，主要依靠美国农业部和公立大学，后来逐步过渡到了大多数私人苗圃和育种者。最初的桃砧木育种研究目的是找到能够耐受已知的桃上的生物和非生物胁迫的品种，从 20 世纪 50—60 年代发展到 20 世纪 80—90 年代，一系列砧木品种（Nemared、Flordaguard 和 Guardian 等）被发布。自 20 世纪 80 年代中叶以来，一批抗碱性土壤的桃×扁桃杂交种砧木被育成，如加利福尼亚大学戴维斯分校的 Hansen 2168、Hansen 536、Nickels、Burchell 和 Nursery，Brights Brothers Nursery 公司的 Cornerstone、Bright’s Nursery、Bright’s Hybrid，加利福尼亚大学戴维斯分校还培育了矮化砧木。Zaiger Genetics 公司针对多种类型的土壤和再植问题研究出了适应性广泛的种间砧木，如 Citation、Viking 和 Atlas。许多上述砧木在向水果种植者提供之前或之后不久，就开展了 NC-140 国家砧木试验。通过实践对比砧木差异发现 Guardian 的树体最大，然后是 Lovell，而最小的是 MP-29。其中嫁接在 Guardian、Lovell 和 Rootpac 20 上的树商品果产量较高，并且果实大小差异不大。

加拿大 Harrow Blood 和 Siberian C 砧木于 1967 年由加拿大农

业部在安大略省哈罗市发布。后来，R. E. C. Layne 从 Bailey×Siberian C 中选择了几个品种，这些品种加上来自中国北方的 2 个品种 Chui Lum Tao 和 Tzim Pee Tao，研究人员对其抗寒性进行了评估。

21 世纪以来，西班牙在扁桃×桃杂交种的研究中发现了几个特别的克隆：Monegro、Garnem 和 Felinem，均由西班牙从扁桃 Garfi×Nemared 中获得，表现为根系活力高（高于 GF 677），叶片呈红色，耐碱性土壤，抗根结线虫。穆尔西亚农业研究中心（Centro de Investigación y Desarrollo Agroalimentario，简称 CIDA）还开发了一种扁桃×桃砧木 Mayor，它具有很强的活力，在贫瘠、钙质和干旱的土壤上表现良好，但对根结线虫高度敏感。东欧国家培育了一大批新的砧木，特别是在罗马尼亚进行的遗传改良工作已选出桃砧 Tomis 1、Tomis 79、T16、P1s、Oradea 1 和 De Balc，并从李属植物的种间杂交中选出了 Adaptibil、Miroper。匈牙利的 O. R. T. 50、O. R. T. 51、C 410 和 PeMa 等一批砧木也在评价中。此外，俄罗斯的 G. Eremin 利用李属植物的种间杂交种培育了耐寒砧木 VVA-1、VSV-1 和 Kuban 86，均已获得测试许可，并分别商业注册为 Krymsk 1、Krymsk 2 和 Krymsk 86。日本已经开发了筑波 Tsukuba 系列、Yusurame 系列和 *P. japonica*，除筑波系列外，所有品种都具有抗根结线虫和半矮化的特性。

我国桃砧木资源丰富，除桃外，还有杏、李、扁桃、郁李等近缘植物。20 世纪 40 年代以来，仅中国就发掘出一批珍贵的桃砧木资源，其中有对根结线虫免疫的红花重瓣寿星桃和红根甘肃桃，抗根瘤线虫的云南毛桃、台湾苦桃，可作矮化砧木的毛樱桃和欧李，耐－40℃低温的珲春桃等。目前中国农业科学院郑州果树研究所主要开展了抗根结线虫、抗根瘤病等桃砧木选育研究；中桃砧 1 号、中桃抗砧 1 号等品种被推出，并在生产中逐步应用。北京市农林科学院林业果树研究所正在进行低需冷量桃砧木选育研究，江苏省农业科学院果树所从国外引进了众多桃砧木，正在进行筛选试验；湖北省农业科学院果树茶叶研究所正在进行抗流胶病砧木选育；浙江省农业科学院园艺研究所正在进行抗涝砧木选育；甘肃省农业科学院林果花卉研究所正在进行抗旱、抗寒砧木选育；四川省农业科学院园艺研究所也在搜集资源，开展砧木研究；青岛市农业科学院果树茶叶研究所自进入国家桃产业技术体系开始，进行了大量的桃砧木选育研究工作，从樱桃李中选育出了极矮化、矮化、半矮化、半乔化、乔化系列桃砧木新品系 40 余个，其中樱桃李 1 号、樱桃李 3 号、樱桃李 5 号正在进行全国区域试验。樱桃李系列桃砧木的主要特点是易繁殖、亲和力强、耐涝性强、矮化效果明显。

来自法国、意大利、西班牙和其他国家的新的、更好的桃砧木将很快被用来代替旧的商业砧木。随着生物技术的发展和蔷薇科基因组图谱的不断构建，未来将会出现更具活力和广谱抗性的桃砧木。

二、砧木育种的选择标准

（一）嫁接亲和力

从种内和种间杂交中培育新的桃砧木，需要广泛地对大量嫁接了桃和油桃接穗品种的苗木进行苗圃和田间试验，以确定其在正常果园条件下具有较强的嫁接亲和力。因此，育种人员必须了解不同砧木和接穗基因型之间不亲和的潜在原因。桃自交种、桃与扁桃（*P. dulcis*）杂交种、山桃与桃的杂交种嫁接亲和力较强，山桃与扁桃的嫁接亲和力较弱。但在匈牙利、摩尔多瓦、埃及和阿尔及利亚，一些扁桃被选为桃的亲和材料，用作桃砧木，有研究表明至少有 2 个显性等位基因调控嫁接在该砧木上的桃品种的不亲和，当然也可能有其他类型的遗传控制，比如传输阻断型，表现为叶片变黄和活力降低。传输阻断型不亲和似乎是由于嫁接结合处的筛管退化和/或减少，导致韧皮部从枝条向根的运输受损，从而减少了碳水化合物向根的输送，并最终在 1～2 年后使其饥饿致死。也有的不亲和似乎局限于嫁接结合较弱，表现为嫁接部位坏死和缺乏木质化组织。

（二）便于繁殖

所有为商业化应用目的所培育的砧木，应是组织培养友好型砧木。过去使用桃种子砧木培育桃苗木，部分原因是可获得廉价种子，幼苗繁殖和出芽容易，以及缺乏成熟的替代品种。20 世纪后半叶产生了抗线虫的桃砧木和李属杂种，除了对不同土壤结构和化学特性的耐受性外，还对线虫具有抗性。新的无性系杂交砧木需要进行技术创新，然后繁殖者才能为苗圃生产足够的材料。对硬枝和绿枝扦插的繁殖方法进行改进，然后用组织培养和微繁殖系统代替，最早的一个例子是 GF 677，繁殖技术逐渐从绿枝扦插发展到工厂化组培快繁。因此，筛选砧木应首先便于通过种子或无性繁殖。

（三）抗逆境

1. 贫瘠、黏重或高 pH 土壤　桃树不适应 pH 高于 7.5 的碱性土壤。当桃砧木嫁接的品种种植在高 pH 土壤中时，树体表现为生长弱、低产和缺铁。针对这些问题，国外培育了许多杂交砧木，包括法国砧木 Jaspi［（*P. domestica* × *P. salicina*）× *P. spinosa* L.］、Julior（*P. insitiia* × *P. domistica*）、GF 677（桃和扁桃杂交种）和 Cadaman（*P. persica* × *P. davidiana*）；意大利砧木 Barrier 1（*P. persica* × *P. davidiana*）、Mr. S. 2/5（*P. cerasifera* × *P. spinosa*）、Mr. S. 2/8（*P. cerasifera*）和 Sirio（*P. persica* × *P. dulcis*）；西班牙砧木 Adesoto 101（*P. insititia*）、Montizo（*P. insititia*）以及桃和扁桃杂交种 Adafuel、Adarcias、Garnem、Felinem、Monegro。这些砧木的应用，很大程度上解决了土壤高 pH 的问题。

2. 抗涝　桃不耐涝。许多欧洲李砧木被列为耐涝砧木，包括 Jaspi、Julior、Penta（*P. domestica*）、Tetra（*P. homestica*）、Mr. S. 2/5、Barrier 1、Adesoto 101、Montizo 和 Krymsk 1。在南非，SAPO 778 是由 Zaiger Genetics 公司的 Siberian C 与李子×扁桃杂交种杂交而成，对潮湿土壤有一定的耐受性。这些砧木中许多是在地中海气候条件下培育的，这种气候条件下冬季降水量大。

3. 抗寒　不同桃砧木品种根系的耐寒性差异较大。许多可用的耐寒桃砧木起源于加拿大育种计划，后来俄罗斯 Vavilov 植物研究所（Vavilov Institute of Plant Industry or All-Russian Research Institute of Plant Industry，简称 VRI）培育出耐寒桃砧木 Siberian C、Harrow Blood、Tzim pee tao 和 Chui lum tao。但也存在一些其他

缺陷，例如对线虫或真菌类根腐病敏感，因此，它们的商业用途有限。再后来的 3 种俄罗斯砧木 Krymsk 1、Krymsk 2［*P. incana* (Pall.) Batsch × *P. tomentosa*］和 Krymsk 86（*P. cerasifera* × *P. persica*），可能比加拿大桃砧木具有更强的耐寒性。

（四）抗线虫及真菌

1. 抗土壤线虫 全世界大部分桃产区都面临一种或几种线虫危害，危害桃的线虫主要有根结线虫、环线虫、根腐线虫和剑线虫。砧木通常被分类为线虫免疫、抗性、耐性或易感线虫。抗性砧木上线虫繁殖和取食不会显著改变砧木供应接穗生存、生长和结果所需矿物质、激素和水分的能力。对特定线虫敏感的砧木是线虫繁殖的良好宿主，并且在树体存活、生长和结果方面受到线虫取食的负面影响。

在抗线虫砧木选育方面，美国、日本、法国、意大利和希腊等国家已育成很多抗根结线虫病的桃砧木，它们分别抗一种或几种根结线虫。20 世纪，许多桃砧木因其对根结线虫病的抗性而被引入美国，其中包括 Shali 1、Yunnan 和 Okinawa，这些砧木最终通过选择性育种被替换，从而产生了抗根结线虫砧木 Nemaguard、Nemared、Flordaguard 和 Guardian。李砧木对根结线虫病有免疫力，而其他砧木则有不同程度的抗性。抗根结线虫病砧木包括意大利砧木 Barrier 1、Penta 和 Tetra；西班牙砧木 Adesoto 101、Garnem、Felinem 和 Monegro；法国砧木 Myran［Belesiana（*P. cerasifera* × *P. salicina*）× Yunnan］和 Ishtara［Belesiana ×（*P. persica* × *P. cerasifera*）］。

根腐线虫和剑线虫是 2 种捕食和破坏桃根的外寄生线虫。在欧洲，被列为抗根腐线虫的桃砧木有 Rubira、GF 305、Penta、Tetra 和 P. S. B 2。在美国和西班牙，Krymsk 86，Krymsk 1 和 Krymsk 2 这 3 种砧木对根腐线虫表现出一定的抗性，但它们对根结线虫很敏感。在加拿大，McFadden Smith 等人 1998 年对 GF 305进行的测试表明该砧木对根腐线虫非常敏感。此外，Bailey、Higama 和 Guardian 对根腐线虫的敏感性低于许多测试的欧洲砧木。

剑线虫是许多病毒的媒介，因此，砧木具有剑线虫抗性或病毒耐受性可能是防止感染和受到伤害的最佳途径。桃树对剑线虫不具有抗性，因此，不需要评估桃砧木对剑线虫的抗性。寻找适应广泛的抗多种线虫的砧木仍然是育种者工作的目标。

2. 致病性土壤真菌 颈腐病是一类真菌性病害，常常导致树体的衰退和死亡，主要在生长季节发病，水涝可加重该病害的发生。至今未见有对该病害免疫的李属资源的报道。不同砧木品种对颈腐病的敏感性有差异，GF 677 中度敏感，GF 305 最不敏感。细菌性溃疡病是桃树早衰（PTSL）的原因之一，筛选抗性砧木的工作已进行了多年，也取得了一定进展，尤其是美国育成的 Guardian 对细菌性溃疡病具有显著的抗性。法国的 Ishtara 和 Myran 对根腐病具有抗性或耐受性，但在不同产区表现差异较大。这表明，这些砧木需要在不同的区域进行田间试验，以评估诸如抗病性等特性，然后才能大规模用于商业化生产。

（五）抗重茬

桃树重茬种植以后树势严重衰退，甚至死树，树体寿命缩短，产量降低，虽然大量使用熏蒸剂和化学农药可以缓解症状，但导致成本增加、效益下降。因此，选用适合的抗重茬病的砧木至关重要。

（六）提升产量和品质

大量研究发现，一些桃砧木可以提高商品桃的产量和质量。桃品种在李和种间杂种砧木上的果实质量，如大小、果皮颜色和可溶性固形物含量（Soluble Solids Content，简称 SSC）都有很大程度的改善。在美国 NC-140 试验中，桃品种 Redhaven 在 GF 677 上生长量最大，产量最高，在桃砧木 Lovell、GF 305、Montclar 和 Guardian 上的 Redhaven 的树高和树冠宽度明显大于其他测试砧木，在这 4 种砧木上果实产量也高。砧木有时会显著影响果实重量，但栽培技术（整形修剪）和环境因素（水和阳光）会明显弱化这些砧木带来的差异，尤其是在桃砧木上。在美国的 NC-140 试验中，诸如 Ishtara（半矮生）和 Myran（旺盛）等杂交砧木通常分别结出较大和较小的果实，然而，这种差异非常小（<10g）。半矮化和矮化杂种砧木的果实大小一般会增加。

除果实大小外，砧木对果实质量（如 SSC 和果皮颜色）的影响的研究有限。由于矮化砧木可以控制树冠大小，较小的树冠通透性好，因此可以改善果皮着色和 SSC。矮化砧木，如 Krymsk 1、Krymsk 2、Mr. S. 2/5、Ishtara 和 Barrier 1 均可增加果实大小和 SSC。

（七）树体大小控制

为适应现代果园模式，一批新的桃矮化砧木被陆续选育出来，用于控制树体生长势，并且能够保持嫁接亲和力和持续的果实产量，而不影响果实大小和质量。矮化砧木需要高密度种植系统，因此，需要使用不同的参数（株行距、冠层体积）来衡量产量和生产效率。轻度矮化的砧木及其占正常树体大小的百分比：Ishtara，70%；Julior，75%；Rubira，90%；Tetra，90%；Mr. S. 2/5，90%；Adara，80%；Adarcias，70%。半矮化砧木及其占正常树体大小的百分比：Pumiselect，60%；Sirio，60%；Adesoto 101，60%～80%；Krymsk 1（VVA-1），50%；Krymsk 2（VSV-1），40%。据报道，在加利福尼亚州尽管 Controller 5（K-146-43）显著矮化，但仍保持了产量和果实大小。桃树的其他矮化砧木包括日本使用的 *P. japonica* 和 *P. tomentosa*，然而它们可能过于矮化。总体来看，这些砧木的矮化程度因气候、土壤类型和立地条件而异。

三、桃砧木的特性

现代桃产业发展面临新形势，可以概括为桃生长扩展到非最佳和低寒区、宽行密株模式、生物胁迫、土壤或环境胁迫、重茬建园等问题。针对这些问题，世界范围内桃砧木育种工作者们培育的桃砧木种类急剧增加。

传统上，可以根据砧木遗传起源分为 3 个群体：桃亚属（*P. persica*）、李亚属（*P. domestica*、*P. insititia*、*P. cerasifera*）和种间杂交品种（来源于樱桃品种组合的受控或自然杂交，包括 *P. persica*、*P. dulcis*、*P. domestica*、*P. cerasifera*、*P. insititia*、

P. davidiana、*P. spinosa*、*P. salicina*）。

不同李属物种的杂交赋予了桃所缺乏的特性，例如低需冷量、抗涝、耐盐碱、抗干旱、抗病虫等。许多桃砧木对线虫的耐受性更强，桃×扁桃杂交种对盐碱和干旱的耐受性更强，桃×李杂交种耐涝性更强。

（一）桃亚属砧木

桃亚属砧木仍然是世界范围内桃树使用较广泛的砧木。其种子通常来源于当地野生桃树或归化种群、商业加工品种或专业的种子砧品种采种圃。包括我国在内的许多国家目前仍主要使用野生种子繁育砧木。然而，野生型桃种子的问题在于它们的遗传变异性，以及在苗圃和果园中缺乏一致性。此外，这些桃苗的病毒感染率在5%～10%。通常，野生桃种子砧可以被视为良好的砧木，但与桃无性系品种砧木相比，它们的主要缺点是苗木的异质性。在主要种植桃的国家，桃砧木品种现在几乎是相同的。如在美国和加拿大，常用的桃砧木有Halford、Lovell、Bailey、Siberian C、Guardian、Nemared和Nemaguard，此外还有墨西哥的Jerez、Jalacingo和Tetela，阿根廷的Cuaresmillo，智利的Chucho Picudo，巴西的Aldrighi和Capdeboscq，澳大利亚和新西兰的Elberta和Golden Queen，日本的Ohatsu（Ohatsumomo）、筑波1号和筑波4号，以色列的Balad，埃及的Mit Gharmr，阿尔及利亚的Missour，伊朗的Halge，南非的Kakamas，希腊的I. D. 20/Ag1，罗马尼亚的De Balc，捷克的B-VA-2和Lesiberian，匈牙利的CEPE和C. 2630，波兰的Mandzurska和Rakoniewicha。由这些品种获得的苗木一般无病毒且遗传一致性较野生型种子繁育的苗木好，因而得到以上国家的广泛应用。

桃砧木中，有些现在很少使用，如GF 305，而有些则越来越受欢迎。例如比萨大学的P. S. 系列，即P. S. A 5、P. S. A 7和P. S. B 2，以及法国的品种Montclar、Rubira和Higama。美国的桃砧木主要为桃亚属，主要来源于砧木品种Lovell、Halford、Nemaguard、Nemared、Bailey和Guardian，占美国使用的桃砧木的95%以上。在这6种砧木中，Lovell和Halford被认为是姊妹系，Nemared 和 Guardian 是 Nemaguard 的后代，Bailey 与其他 5 种砧木没有亲缘关系。

1. GF 305 因 GF 305 在苗圃中旺长并且具有良好的一致性，于 1945 年被 INRA 选出，该砧木与所有桃和油桃品种嫁接亲和力强，树势强，产量高。然而，GF 305 对农杆菌、疫病、根结线虫、根腐线虫以及一些病毒抗性弱（可用作桃的病毒指示植物），现在很少使用。

2. P. S. 系列 P. S. 系列源于意大利比萨大学果树科学和作物保护系。根据其生长一致性和不同的矮化性状，主要推出了 P. S. A 5、P. S. A 6、P. S. A 7 和 P. S. B 2。

P. S. A 6 生长势最强，而 P. S. B 2、P. S. A 7 和 P. S. A 5 生长势分别比 P. S. A 6 低 10%～15%、15%～20% 和 20%～25%。P. S. A 5 上的接穗品种生长均匀、早熟、果实质量提高。此外，P. S. A 5 具有略强的耐涝性，而其耐盐碱性与其他砧木相似。P. S. A 5 特别适用于自由纺锤形树形，对于肥沃的土壤、旺盛或早熟品种以及中高密度种植模式都是极好的选择。P. S. A 6 在苗圃中均匀快速生长，可通过硬枝扦插繁殖，树势旺盛（略低于 GF 677），并且在贫瘠土壤中表现良好，即使没有灌溉，由于根系发达，它仍然具有很高的生产力。P. S. A 7 不耐涝，适合中等或高肥力的壤土。P. S. B 2 的特点是幼苗生长均匀且迅速，可以通过硬枝扦插繁殖，但对白粉病敏感，对碱性土壤和水涝的抗性与其他砧木相似，抗重茬，并且具有高产、早产和提高果实品质等优点。

3. Rubira INRA 利用 1960 年进口的加州种子培育的桃砧木，因其红色的叶子而得名。Rubira 的幼苗在苗圃中生长均匀且旺盛，对白粉病有轻微的敏感性，但对绿桃蚜有抗性，Rubira 的生长势比 GF 677 低 15%～20%，但更早产丰产。Rubira 对根癌农杆菌敏感性较低，但对线虫的敏感性较高。

4. Higama INRA 在 1960 年利用从日本进口的种子培育而成，砧木上的接穗品种树势旺盛。Higama 对缺铁性黄化病和根瘤的敏感性高于其他桃砧木，但对线虫病有一定程度的抗性，产量略低。

5. Montclar Chanturgue Montclar Chanturgue 在 1960 年被 INRA 选中，该砧木种子产量高、幼苗生长均匀且旺盛，与 Higama 有相似的特征。Montclar Chanturgue 与其他法国砧木的不同之处在于它对缺铁性黄化病具有更强的抗性，能够从土壤中更好地吸收铁和镁，是欧洲流行的桃砧木。

6. Nemaguard Nemaguard 由美国农业部（United States Department of Agriculture，简称 USDA）于 1949 年发现，为桃亚属砧木。Nemaguard 幼苗均匀而健壮，与桃和油桃品种亲和，生长旺盛，产量高，根蘖多，抗部分线虫，Nemaguard 对环线虫（*M. xenoplax*）非常敏感，这会导致树体因腐烂病死亡。在 2004 年发现一种新的根结线虫可以在 Nemaguard 的根中繁殖。Nemaguard 对根瘤具有相当的耐受性，但对根腐病、黄萎病、缺铁性黄化病和水涝敏感，可能会降低接穗品种在寒冷气候下的耐寒性。尽管如此，Nemaguard 仍曾是美国加利福尼亚州和南美洲种植广泛的核果砧木之一。

7. Nemared Nemared 是美国农业部于 1983 年发布的红叶品种，是 Nemaguard 的后代。苗圃中的 Nemared 与 Nemaguard 相似，但出苗时侧枝较少，便于嫁接。Nemared 的田间特征也与 Nemaguard 相似，不同之处在于 Nemared 树势略强，具有同等或更好的抗根结线虫能力。

8. Guardian Guardian 砧木可追溯到 1954 年的 Nemaguard 杂交组合，1993 年由 USDA 和克莱姆森大学联合发布。Guardian 有许多类似于 Nemaguard 的特性，主要区别在于 Guardian 种子发芽率较低，对根结线虫的抗性稍低，对根腐病敏感。Guardian 对环线虫、细菌性溃疡病和 PTSL 的抗性明显较高，这使其成为美国东南部最受欢迎的砧木，特别是在线虫侵染的重茬种植地区。

9. Lovell 和 Halford Lovell 和 Halford 是古老的制干和加工桃子品种，分别于 1882 年和 1921 年左右在美国加利福尼亚州的果园中用作砧木。Lovell 具有苗木均匀、种子发芽率高的特点，与所有桃和油桃品种亲和，接穗品种的树势略低于 Nemaguard。Lovell 对根结线虫和根腐线虫敏感，但相比 Nemaguard 对环线虫、细菌性溃疡病和 PTSL 有更好的耐受性。Lovell 不耐涝、不抗根瘤，对疫霉菌（*Phytophthora*）和蜜环菌（*Armillaria mellea*）敏感。Halford 在苗圃和田间的特征与 Lovell 相似，甚至被认为与 Lovell 相同。由于 Lovell 不再用作制干品种，种子只能从苗圃种子园中获得。因此，在苗木行业中，Halford 逐渐取代了 Lovell。

10. Bailey Bailey 于 1836 年在美国艾奥瓦州被育成，苗木均匀旺盛，抗寒性好，比 Siberian C 稍差。Bailey 对根腐线虫有较好的耐受性，通常比 Lovell 树冠稍小，但产量很高，对根结线虫、积水、根腐病和 PTSL 敏感。

11. Siberian C Siberian C 于 1967 年由加拿大农业研究站选中，为中国北方桃自然授粉实生后代，萌芽早，出苗整齐，木质化较普通砧早 2 周以上，可以提早嫁接。用 Siberian C 作砧木，可使接穗品种提前落叶，提前起苗，从而避免一些病虫在苗圃中危害苗木，同时可提高接穗品种的耐寒性。嫁接到该砧木上的品种表现为中等或中低等树势，早产性好。用 Siberian C 嫁接的桃品种比用其他砧木嫁接的提早结果。Siberian C 不耐涝、线虫、细菌性溃疡病和根瘤。Siberian C 作为桃砧木，适宜中国北方地区密植桃园使用。在温和气候条件下一般不使用 Siberian C。

12. 筑波 4 号、筑波 5 号、筑波 6 号 日本选育。其长势中等，枝条节间比毛桃稍短，根系发达，适应力强，耐湿耐涝性与毛桃相似，与栽培桃品种嫁接亲和力强。与毛桃砧相比，以筑波 4 号为砧木的桃树生长量小 20%，筑波 5 号对桃树生长的抑制作用略小于筑波 4 号。以筑波 4 号、筑波 5 号为砧木的桃幼树成花容易，结果早，产量高，果个大，品质好。筑波 4 号、筑波 5 号抗根结线虫，但不抗根腐线虫。筑波 6 号抗盐碱、抗涝能力强，适合在降水量较多的地区使用。筑波 6 号叶红色，有助于判断苗木的成活情况，并方便除萌。

13. Flordaguard Flordaguard 于 1991 年由佛罗里达大学发布。桃亚属砧木通常对根结线虫表现出敏感性，但 Nemaguard 和

Okinawa对线虫攻击表现出耐受性，这2种砧木均含有Nemared的抗性基因。然而，它们对佛罗里达土壤中发现的根结线虫*M. floridensis*不耐受。Flordaguard砧木则解决了这一问题，Flordaguard是一种短低温、抗线虫的桃砧木，并且是红叶的，便于检测和除掉砧木根蘖。但是，这种砧木不耐涝，且在碱性条件下，它对缺铁性黄化病很敏感。

14. Peda、Pema、Avimag 匈牙利选育，应用较为广泛，与桃、扁桃嫁接亲和力强，且表现出了生长势强、产量高、死亡率低的特性，耐旱、耐盐碱，不易患缺铁性黄化病。

15. 中桃抗砧1号 中国农业科学院郑州果树研究所桃种质资源与育种团队经过近40年的评价、创新和多区多点试验，成功育成桃多抗砧木中桃抗砧1号，具有抗再植障碍、抗土壤根结线虫、耐旱性强、耐贫瘠等特点，通过无性繁殖保持优良性状，既可以作为桃的普通砧木，又可以作为重茬地桃的砧木。中桃抗砧1号与生产中普遍应用的实生毛桃砧木相比，在沙土重茬地和黏土瘠薄重茬地上均具有较强的抗再植障碍能力，表现出生长快、长势旺、叶片不黄化和根系发达的特点，与接穗亲和力强，对果实大小、形状和风味无不良影响。

16. 中桃砧1号 中国农业科学院郑州果树研究所王志强研究团队以山桃1号和毛桃1号为亲本杂交选育的抗重茬桃砧木品种。与野生山桃、毛桃相比，具有根系发达、苗木整齐健壮、与桃和油桃等嫁接亲和力强等特点。最突出的特点是在重茬地上新建桃园中生长良好，对再植障碍具有较强抗性。中桃砧1号既可用种子繁殖，也可扦插或组培繁殖，种子繁殖时分离较小，苗相整齐。中桃砧1号新梢前端绿色，嫩叶浅紫红色，成熟新梢阳面变紫红色，节间长度中等，平均长度2.14cm。花蔷薇型，萼筒内壁绿黄色，花药紫红色，花瓣椭圆形，花粉多。果小，近圆形，果肉薄，无食用价值，离核。核椭圆形，深褐色，顶部微有小尖，表面光滑，多点纹和沟纹。干种子单粒重平均2.19g，盛果期每亩平均产干种子（桃核）198kg，约63 000粒。

17. 珲春桃 珲春桃是我国桃树栽培最北线的一种抗寒桃，它可耐−30℃以下的低温，是培育抗寒优良桃品种的重要种质资源。珲春桃是普通桃与山毛桃的自然杂交种，分布在图们江与鸭绿江边一带，分布面积广，形成了一个特殊类型。同类型的抗寒砧木资源还有寒桃1号、敖东寒桃、寒公主等，它们既可作抗寒品种用，也可作抗寒砧木。

18. 抗砧1号 抗砧1号（品系）是湖北省农业科学院果树茶叶研究所从南京白沙的实生后代中选育出的一个小种子型优良株系，通过多年栽培比较试验观察，该品系具有耐高温干旱、较抗生理性流胶病、综合抗性强等特点。该品系树姿半开张、长势中强，一年生半木质化枝青绿色，老熟时有深褐色斑纹。在武汉地区3月下旬开花，花白色，易丰产结果，果实8月中下旬老熟，单果鲜重16.6g，较母本白沙单果鲜重小，单核鲜重4.0g，与毛桃相当，实生后代变异较大，长势不一。无性扦插较易生根，与桃嫁接有小脚现象，有较好的抗重茬能力，可作为长江流域抗流胶病、耐高温干旱、抗重茬砧木试用。

19. 浙砧1号 实生选育，一年生枝条绿色，成年叶墨绿色，叶脉白色。果实较小，近圆形，单果重50～100g，果肉薄，近核处有红色素积累，离核。核椭圆形，深褐色，沟纹深。嘉兴地区2月中旬萌芽，3月上旬开花，9月上旬果实成熟。根系发达，苗木整齐，成年树树势中庸，十年生树流胶少。浙砧1号一年生苗与东溪小仙、毛桃进行涝害比较试验，耐涝性优于毛桃，恢复期浙砧1号状态明显优于东溪小仙和毛桃。此外，根据光合作用、根系活力、抗氧化酶、乙醇代谢酶等指标，比较苗龄45d的植株耐涝性差异，发现6个砧木资源的耐涝性强弱为：浙砧1号＞龙泉14＞龙泉13＞龙泉1号＞金华9号＞毛桃。

20. 豫农矮砧1号 豫农矮砧1号是1992年在毛桃实生后代中发现的矮化变异，其成年树冠不到毛桃成年树冠的1/2，用其作砧木嫁接后，成年树冠仅为对照的2/3，是理想的矮化砧木。但因其不能结实，无法获得种子，所以阻碍了其在生产中的应用。

21. HBOK 27、HBOK 32、HBOK 10、HBOK 50 美国加利福尼亚大学戴维斯分校2012年公布的专利品种，可作为桃和油桃品种的商业砧木。HBOK 27砧木通过扦插和组织培养无性繁殖。HBOK 27砧木与桃接穗品种嫁接亲和力强，并适度控制树势。在HBOK 27砧木上生长的桃树产量高，比在标准砧木Nemaguard上生长的树需要的修剪更少，并且比Nemaguard产生更少的根蘖。HBOK 27砧木对根结线虫表现出中度抗性，略低于标准砧木Nemaguard。

22. P30-135、K146-43 美国加利福尼亚大学2004年公布的专利品种。P30-135砧木是一种种间杂交砧木，用作桃和油桃品种的无性系商业砧木，这种砧木通过扦插繁殖。P30-135的特点是对接穗品种有相当程度的树势控制，降低果园树体的高度，而不会影响果实的质量。

23. Jam 23 美国阿巴拉契亚水果研究站2019年公布的专利品种，是KV981549的一个实生后代。KV981549是Bailey与KV93777的杂交种，而KV93777是Bailey与14DR60的杂交种，14DR60是一种红叶桃。Jam 23新品种的主要特点是耐寒性强、开花晚、种子砧、种子产量高、红叶、发芽率高。

24. 弘子（HS） 日本砧木，毛细根特别发达，抗旱、抗涝、抗寒、抗线虫、抗根瘤、抗重茬，也鲜有流胶发生。

25. 青州蜜桃 产于山东省青州市山区的地方品种。因实生繁殖，所以变异较大，可分为早熟蜜桃、中熟蜜桃、晚熟蜜桃、特晚熟蜜桃和青州光桃。果实小，圆形，果顶凸起有小尖，单果重60～80g，缝合线浅，过顶，腹部凸出，果实横断面微呈三角形。果皮底色黄绿色，向阳面呈暗紫红色，皮薄，易剥离。果肉白色，微带绿晕，近核处有紫红色放射线，肉脆，多汁，味甜，离核。树势中庸，枝条细长，半开张，密生，以花束状果枝结果为主。

（二）李亚属和樱桃亚属品种

李亚属的物种覆盖了许多砧木，但只有少数被广泛用于桃树。李亚属的砧木比桃亚属更耐涝、碱性土壤、再植重茬问题和某些土壤病原体。

1. 乌荆子李（*P. insititia*）

（1）St. Julien A。从一个起源于乌荆子李的李子群体中筛选出的，形态学和遗传特征均类似于欧洲李，来自这个遗传复杂群体的砧木表现出大量的形态变异，这也导致了接穗品种树体大小的异质性。因此，最初英国选择了多个株系，其中 St. Julien A 是使用最广泛的。这种无性系很容易通过压条繁殖，也可以通过硬枝扦插繁殖。St. Julien A 与桃品种亲和且被认为耐寒。然而，由于其对碱性土壤敏感性较高，且抗病性较差，现在很少使用。

（2）St. Julien GF 655/2。St. Julien GF 655/2 是 INRA 从 St. Julien d'Orleans 实生后代中选出的，通过压条、硬枝扦插和组培繁殖，St. Julien GF 655/2 的根系较浅，不适应干旱土壤，但它对盐碱、水涝和重茬有相当的耐受性，尽管其程度低于 Damas GF 1869（*P. domestica*×*P. spinosa*）。它还可以缓和树势，实现早产丰产，即使在肥沃的土壤中，这种砧木也适用于中等密度到高密度的种植模式。St. Julien GF 655/2 根系发达，但少于 GF 1869，抗根瘤和银叶真菌（*C. purpureum*）。

（3）Adesoto 101。Adesoto 101 是由 ESAD Aula Dei 实验站（萨拉戈萨）从 Pollizo de Murcia 的实生苗群体中选育出来的。该无性系砧木可用于桃、杏、李和扁桃，并与西班牙测试的所有桃和油桃品种具有较强的亲和力。它很容易通过硬枝扦插和组培（首选育苗方法）繁殖，也能很好地适应石灰质土壤、积水土壤。树势弱于桃亚属砧木品种或 Damas GF 1869，果实成熟时间提前 3～7d，高抗线虫，但对细菌性溃疡病和 PTSL 敏感。

2. 欧洲李（*P. domestica*）

（1）Damas C。源自欧洲李，过去被广泛用作桃砧木。Damas C 由英国东茂林研究所在 Black Damas（*P. domestica*）后代中选育出。这种砧木很容易通过压条繁殖，但不能通过硬枝扦插繁殖。Damas C 树体有活力，但其浅根系可导致倒伏。Damas C 根蘖过多，逐步失去了商业生产价值。

（2）GF 43。INRA 于 1950 年从 Prune d'Ente 幼苗中选出。很容易通过组培繁殖，也可通过分蘖和硬枝扦插繁殖，但效率不高。该砧木根系深厚，发育良好，对微钙质、潮湿和黏重土壤具有良好的耐受性，对水涝有中等抗性。树势旺，类似于桃砧，并且与所有试验品种具有较强的嫁接亲和力。然而，GF 43 早产丰产性一般。GF 43 很少产生根蘖，对重茬有一定的敏感性，并且容易感染绿叶病叶斑病毒，可导致嫁接不亲和。

（3）Tetra。来自意大利罗马水果种植实验研究所的 Regina Claudia Verde 的实生苗。它很容易通过组培繁殖或硬枝扦插繁殖。树木生长旺盛，整齐，嫁接易成活。Tetra 具有均匀发育的根系，具有良好的固地性。此外，它适应多种土壤类型，对碱性土壤的抗性与 GF 677 相当，且对根涝有良好的耐受性。Tetra 与桃、油桃、杏和李有较强的亲和力，很少出现根蘖。与 GF 677 相比，开花可推迟 5～6d。Tetra 的树势比 GF 677 弱 15%～20%，果实成熟提前 3～4d。Tetra 主要抗根结线虫，对 *P. vulnus* 线虫敏感，抗 *P. cinnamomi*，耐 *Armillaria mellea* 引起的根腐病。

（4）Penta（Empyrean 2）。砧木源自意大利罗马水果种植实验研究所的 Imperial Epineuse 实生苗。它的特性与 Tetra 相似，只是它在树势上类似于 GF 677，并且它不诱导果实早熟。在加利福尼亚的田间试验中，它对环线虫敏感，对 *P. vulnus* 线虫敏感性类似于 Nemaguard。

3. 沙樱桃（*P. pumila*）

（1）Pumiselect（Rhenus 2）。由德国选育，与许多桃品种亲和，抗线虫，耐沙质土壤和干旱，但易受涝、易感染缺铁性黄化病，有时会出现根系不稳固的现象，导致倾斜。Pumiselect 砧木上的桃果实比桃砧木上的小。

（2）Mando。一种沙樱桃砧，抗环线虫能力介于 Nemaguard 和 Lovell 之间。

（3）李 1 号、李 3 号、李 5 号。青岛市农业科学院从樱桃李中选出，抗涝性好，易扦插或组培繁殖。目前正在进行品种区域试验。

（三）种间杂交砧

最常用的种间杂种来自桃×扁桃和桃×山桃，远缘杂交有助于解决由线虫和缺铁性黄化病引起的严重问题，后者在许多欧洲桃产区极为常见。此外，由于种间杂种对某些病原体的敏感性较低，因此它们可以克服土壤环境异常，例如水涝、干旱、盐碱或重茬问题。桃与扁桃杂交种 GF 677 是欧洲桃产区应用最广泛的砧木。美国加利福尼亚州的 Atlas 和 Viking 是种间李属杂交种，由于其抗重茬、抗根结线虫、抗环状线虫并且树势旺盛，所以多用于重茬建园。一个 USDA 1957 年发布的老品种 Hiawatha（*P. besseyi* × *P. salicina*），目前正在评估作为矮化砧木。2004 年，加利福尼亚州发布了其他几种有希望控制大小的 Controller 系列无性系砧木，这些砧木是 *P. salicina* 与 *P. persica* 的杂交种。

1. 桃与扁桃杂交种（Peach×Almond hybrids）

（1）GF 677（美国的 Paramount）。INRA 选择的天然杂交种。它可以通过绿枝和硬木扦插繁殖，现在欧美国家只采用组培繁殖。它是一种长势非常旺盛的砧木（比桃树幼苗旺盛 10%～15%），具有发达的根系，可以确保良好的固地性。只要土壤具有渗透性且排水良好，它就适合种植。它对缺铁性黄化病的抗性很强，即使在碱性土壤中也具有良好的生产力。此外，由于其生长旺盛，再植问题得到了改善。这些特点，再加上与桃和油桃品种的嫁接亲和力较强，使得该砧木在意大利和其他地中海国家非常流行，普遍应用。尽管有这些有利的性状，但 GF 677 长势旺，导致早产性下降，初果期产量低，果实较小。然而，当树木达到营养生长与生殖生长平衡并进入全面生产时，这些缺陷就会消失。该砧木不推荐用于肥沃的土壤或高种植密度模式。GF 677 的根系对水涝敏感，此外，还对蜜环菌（*M. incognita*）、根瘤菌（*A. tumefaciens*）、疫霉根腐菌（*P. cactorum*）和银叶病（*C. purpureum*）敏感，对黄萎病菌（*V. alboatrum*）的敏感度较低，介于扁桃和桃之间。

（2）I. S. 系列。I. S. 系列无性系来源于意大利比萨大学水果科学和作物保护系，在桃与扁桃杂交种 GF 557 的实生后代中发现。该系列与 GF 677 有许多共同特征，但它们对树势的影响不同。代表性的无性系是 Sirio、Castore（I. S. 5/19）和 Polluce（I. S. 5/22），它们的生根诱导能力较差，难以通过根蘖和压条繁殖，但可以通过插穗繁殖，通过组培繁殖更有效。Sirio 能产生良好的根系，适应肥沃和渗透性土壤，但仍能控制营养生长，对缺铁性黄化病的抗性很好，但略低于 GF 677。与嫁接到 GF 677 上的树木相比，Sirio 嫁接品种树体高度矮 40%左右，早产丰产，果个大，果色好。Sirio 与主要的商业品种亲和力强。Castore 生根诱导能力也较差，但可以在体外进行组培繁殖，更喜欢肥沃和渗透性土壤，而不适合黏重土壤和积水土壤。它是一种半矮化砧木，比 GF 677 的营养生长量减少约 30%，早产丰产性好，可溶性固形物含量较高、良好的糖酸比，可改善水果质量，同时也适应贫瘠的土壤，总体上非常适合肥沃的土壤和高密度种植模式。Polluce 与 Castore 相似，繁殖困难，但可以进行组培繁殖，与其他桃与扁桃杂交种一样，不适合潮湿、肥沃和排水不良的土壤，但适合中等或高肥力的渗透性土壤。与 GF 677 相比，树体高度降低了约 20%，产量高，效率高，果实质量得到改善，Polluce 为中、高等肥力土壤中的 GF 677 提供了一种替代方案，在这种土壤中，果园中的树间距更近，树体管理更容易。在贫瘠的土壤中，Polluce 可以半矮化，但仍能获得良好的产量。

（3）Hansen 2168、Hansen 536。Hansen 无性系是由美国加利福尼亚大学从桃与扁桃的杂交后代中选出的。它可以通过硬枝扦插繁殖，也可以进行组培繁殖。这 2 种砧木树势都旺于桃砧，但生产力与桃砧和 GF 677 相似。此外，这 2 种砧木都对钙质碱性土壤具有耐受性，对根结线虫具有抗性，并对干旱和盐渍土壤具有耐受性。Hansen 2168（Hansen 2）对疫霉属病原菌具有中度耐受性。Hansen 2168、Hansen 536 都对根瘤病非常敏感，它们比桃砧更容易受到黄萎病、水涝和细菌性溃疡病的影响。

（4）Adafuel。Adafuel 是桃与扁桃的杂交种，西班牙从

Marcona 扁桃品种的实生苗群体中选出。它很容易通过硬枝扦插繁殖，比 GF 677 生根率高，树势旺盛，适合钙质碱性土壤。它与大多数商业桃和扁桃品种嫁接亲和，作为砧木，其生长和产量特征与 GF 677 相似。Adafuel 对白粉病（*S. pannosa*）、锈病（*Puccinia helianthi*）和穿孔病（*C. beijerinckii*）具有抗性，但对根结线虫非常敏感，这限制了其商业用途。

（5）Adarcias。Adarcias 和 Adafuel 一样，是 ESAD 研究所选育的杂交品种。它很容易通过硬枝扦插繁殖，也可以在体外进行组培繁殖。如果排水良好，它在钙质碱性土壤中表现良好，树体矮于 Adafuel 和 GF 677，丰产性好，果实可溶性固形物含量高。因避免了树体的过度生长，从而降低了管理成本。Adarcias 对 *C. beijerinckii* Oud 和 *T. pruni-spinosae*（Pers.）Diet 具有抗性。

（6）Felinem、Garnem 和 Monegro。这些砧木共同的特点是有红色的叶子和较少的侧枝。此外，它们对缺铁性黄化病的耐受性与 GF 677 相比相同或更高。它们能很好地适应排水良好的贫瘠土壤。它们对主要的根结线虫物种（*M. incognita* 和 *M. javanica*）有很强的抵抗力。它们可以通过硬枝和绿枝扦插繁殖，也可以组培繁殖。然而，它们的缺点之一是对水涝敏感，此外，它们对根腐线虫 *P. vulnus* 和根瘤病敏感。

（7）Rootpac 40。西班牙选育，*P. dulcis* × *P. persica* 与 *P. dulcis*×*P. persica* 杂交种，较抗黄化病，对微量元素的需求量高，对根结线虫有中等抗性，对根瘤菌敏感，耐涝性与大多数桃和扁桃杂交种相似，对盐碱中度耐受，对根腐线虫易感，与桃、油桃、扁桃和一些日本李品种亲和。树势中等，比 GF 677 弱 25%～30%，根部高度发达，树体直立，类似于 Garnem。根据不同品种，预计成熟时间提早 3～7d。果个适中，高产。它能很好地适应所有气候，尤其是温暖的条件（属短低温品种）。绿叶砧木，主干硬（木质化早），很少或没有分枝，便于苗圃操作。

2. 桃与山桃杂交种

（1）Cadaman Avimag。匈牙利从桃和山桃的杂交种中选出，后由 INRA 引入法国，它可以通过绿枝或半硬枝扦插繁殖，对树势的影响最初与 GF 677 相当，但在果园建立 4～5 年后，树势趋于下降。此外，与 GF 677 相比，Cadaman Avimag 早产性好，丰产性和果实大小相当。与桃和扁桃的杂交种不同的是，它表现出良好的耐涝性，并且对缺铁性黄化病和重茬具有耐受性。它对 *M. incognita* 和 *M. javanica* 有抗性，但与 Nemaguard 一样是 *M. xenoplax* 的良好宿主。Cadaman Avimag 由于树势旺盛，因此不适合高密度种植模式。

（2）Barrier 1。桃与山桃的杂交种，在意大利佛罗伦萨被选出，在美国也称 Primo 或 Empyrean 1。Barrier 1 树势与 GF 677 相似或更强，且 Barrier 1 具有强大的根系，可确保良好的固地性。它很容易通过硬枝扦插或组培繁殖，能很好地适应不同的土壤环境，如石灰性碱性土壤、积水或重茬，并对根结线虫具有良好的抗性。此外，它比 GF 677 丰产，果个大。

3. 樱桃李杂交种

（1）Mr. S. 2/5 和 Mr. S. 2/8。砧木 Mr. S. 2/5 和 Mr. S. 2/8 由意大利比萨大学水果科学和作物保护系从 Myrobalan 的实生后代中选出。这 2 个 Mr. S. 无性系有许多共同的特点，如易于压条繁殖、硬枝扦插繁殖和组培繁殖，商业上多采用组培繁殖。嫁接操作必须比其他砧木早几天开始，因为其营养生长停止较早，嫁接亲和力较强。与 GF 677 相比树体矮 25%～30%。2 种砧木都能抗重茬，与 GF 677 相比，产量高，果个大，可溶性固形物含量增加，果色好，果实可提前几天成熟。2 个 Mr. S. 无性系之间的差异在于，Mr. S. 2/5 对根瘤菌、碱性土壤和水涝具有更强的抵抗力，并且能够在土壤含氧量较低的情况下长期存活。

（2）Myran Yumir/Myran。Belsiana 李与 1950 年 INRA 选育的 Yunnan 桃的杂交后代，通过硬枝和半硬枝扦插繁殖。Myran 树势旺盛，具有较强的嫁接亲和力。果实成熟期、果实大小和颜色与嫁接在桃砧木上的相似。无根蘖，耐涝，抗线虫，但对碱性土壤敏感，并对细菌性溃疡病和 PTSL 敏感。

（3）Ishtara Ferciana/Ishtara。Belsiana 李和 *P. cerasifera* ×

P. persica 自然杂交种的后代，由 INRA 选出。它是一种多品种亲和的砧木，树势强，可用于桃、杏和李品种，很少有根蘖，对桃树蛀干害虫表现出良好的抗性。尽管在欧洲已经观察到其对积水和石灰性土壤的敏感性，但它能很好地适应不同的土壤和气候条件。在意大利，Suncrest 嫁接到 Ishtara 上，果实提前几天成熟。肥沃土壤上 Ishtara 的生产力很好，在肥沃土壤中，它可以减少桃树生长量达 30%，并改善果实大小。Ishtara 上的桃品种极易受到细菌性溃疡病和 PTSL 的影响。

（4）MP-29。MP-29 砧木为红色叶子，这简化了砧木根蘖的识别和移除，对 PTSL 有抗性，抗根结线虫，包括 *M. incognita* 和 *M. floridensis*。它很容易通过绿枝或硬枝扦插繁殖和组织培养繁殖。它的树势与 Sharpe 砧木相似，明显低于 Guardian，约为其 70%，但产量较高。它比 Guardian 产生的根蘖更少，对根腐病的抗性明显高于 Sharpe 和 Guardian。

（5）Rootpac 20。由西班牙选育，*P. besseyi* 与 *P. cerasifera* 的杂交种，耐寒，高度耐涝，较抗黄化病，中度耐盐，对根结线虫的抗性中等，对根瘤菌敏感，适合嫁接桃、油桃、日本李和扁桃。树势弱，比 GF 677 弱 40%～50%。树体直立紧凑，果个和质量良好，大多数品种早产性好，产量高，非常适合高密度种植园，能很好地适应寒冷地区。

（6）Rootpac-R。西班牙选育，李与扁桃（*P. cerasifera* × *P. dulcis*）的杂交种，较抗黄化病，对微量元素的需求量高，对根结线虫高度耐受，对根瘤菌可能像大多数李一样敏感，抗重茬，耐涝。嫁接桃、油桃和李树势与 Nemaguard 相似。树形开张，分枝能力中等，成熟时间提早 2～5d，结果良好，适应各种气候条件，非常适合重茬地种植，能很好地适应紧实的土壤。外观介于李树和杏树之间。

4. 李杂交种

（1）Julior Ferdor/Julior。*P. insititia* × *P. domestica* 的后代，1965 年由 INRA 选出。它与桃、李和杏品种嫁接亲和，通过硬枝

扦插和组培繁殖，树势中等，强于 St. Julien GF 655/2，即使在非常肥沃的土壤中，也是桃品种的矮化砧木。它具有良好的抗涝能力，但对 pH8.2 以上的碱性土壤敏感。它在不同的土壤环境中生长变化很大，早产性一般，建园初期根蘖量大，个别品种表现产量低、果实成熟早、果实质量提高，感染细菌性溃疡病死亡率高，抗环线虫能力不如 Nemaguard。

（2）Jaspi Fereley/Jaspi。INRA 从 *P. salicina*×*P. spinosa* 的后代中选出。它是一种多品种亲和的砧木，但与桃亲和力有限，相比桃更适合杏和李。树势弱，比正常桃树弱 20%～40%。它对积水、碱性土壤和重茬耐受，但对细菌性溃疡病极为敏感。生产中使用应首先测试其亲和力。

（3）Controller 5、Controller 6、Controller 7、Controller 8、Controller 9。2004 年，美国加利福尼亚州发布控制大小的无性系砧木，这些砧木是 *P. salicina* 与 *P. persica* 的杂交种，相比于 Nemaguard，Controller 5 可降低 50%～60%的树势，Controller 9 可降低约 90%的树势。然而，它们对根结线虫的抗性不如 Nemaguard。Controller 6、Controller 7、Controller 8 正在区试评估中。

（4）Krymsk 86。Krymsk 86 是一种无根蘖砧木，可以通过绿枝和硬枝扦插繁殖。它对碱性土壤具有耐受性，比桃砧木具有更强的耐寒性。此外，它比桃砧木更耐涝。

（5）Sharpe。该砧木品种由美国农业部农业研究所和佛罗里达大学发布。它表现出半矮化性，与桃、油桃和李品种亲和。它对 *A. tabescens* 和 PTSL 有抗性，抗 *M. floridensis* 线虫，但果实略变小。

（四）野生砧木

我国在生产中应用桃砧木种类较多，毛桃、山桃、甘肃桃、陕甘山桃、光核桃、新疆桃、扁桃、李、杏、毛樱桃和欧洲李等均可作桃树的砧木。生产上的桃砧木主要用毛桃和山桃，也有用甘肃桃和陕甘山桃的。李、杏、毛樱桃和欧洲李可作桃树的砧木或矮化砧木。

毛桃在我国各地分布广泛，其适应性、生长势、耐寒性、耐盐碱性都比较强，与桃树嫁接亲和力强，根系发达，植株生长旺盛，不耐涝，耐湿性比山桃强。

山桃产于甘肃、陕西、四川、河北、河南、山西等省份，作砧木适应性强，耐旱、耐寒、耐盐碱，嫁接亲和力强，但怕涝，在地下水位高的桃园易患黄叶病、根瘤病和茎腐病。

甘肃桃产于陕甘地区，抗寒耐旱，红根型有抗线虫特性，嫁接树有矮化作用。

陕甘山桃产于陕西、甘肃、四川北部，抗旱性强而耐湿性差，特性基本同山桃。

新疆桃产于新疆，适应性强，耐瘠薄，抗旱、抗寒能力强，但嫁接树不整齐。

扁桃在我国产于新疆和四川西部，在甘肃、陕西也有少量栽培，抗旱，有矮化作用，但嫁接成活率低，寿命短。

李砧较耐湿、抗寒，亲和力中等，有矮化作用。

杏砧虽根系发达、长势较旺、耐干旱，但嫁接亲和力较弱，进入结果期较迟。

有研究表明，毛桃对根瘤菌的抗性最强，甘肃桃次之，山桃最易感病。也有研究发现毛桃对发根土壤杆菌高度感病，实生群体内存在广泛的抗性分离现象，其中有免疫基因型植株，是选育抗根瘤病桃砧木品种的珍贵种质资源。

中国农业科学院郑州果树研究所对我国桃属植物的抗线虫特性进行过初步鉴定，试验结果表明，寿星桃1号、甘肃桃1号对南方根结线虫免疫，山桃、光核桃和毛桃中亦存在抗性基因型植株。我国广泛应用的毛桃实生群体中存在着对南方根结线虫从感病到高抗各种基因型，毛桃的抗性株间分离现象严重，毛桃对北方根结线虫具有极强的抗侵入与抗发育能力，是极优异的抗北方根结线虫桃砧木和种质资源。

耐涝性方面，毛樱桃＞毛桃＞山桃。

含有扁桃遗传背景的砧木毛细根和新根多，一般比较抗旱。桃×扁桃、桃×山桃的后代抗旱性较强（与毛桃实生苗相比），长柄扁桃的抗旱性最强，光核桃和毛桃的抗旱性最弱，毛樱桃的抗旱性中等。

耐盐碱力由强至弱为：山桃、毛桃、甘肃桃、陕甘山桃、毛樱桃、李、杏。

总体来看，没有一种万能的砧木能够适应所有环境，抵御所有挑战，但我们可以依靠大量的种质资源，对这些资源加以改进，以应对各种生产问题。随着越来越多的砧木适应特定环境并能耐受各种病虫害，寻找和选择能够耐受特定区域环境胁迫的砧木将变得越来越容易。不断丰富的砧木资源库也将继续扩大李属植物的遗传多样性，这将为在未来创造更多的抗性砧木奠定基础。

四、桃砧木应用现状

世界各国应用的砧木类型很多，不同的国家或区域应用砧木不同，不同砧木的特性不同。美国应用较多的是其选育的 Nemaguard、Guardian、Nemared、Sharpe、Flordaguard 等抗根结线虫的桃砧木。澳大利亚常用的桃砧木有 Okinawa、Nemaguard、Flordaguard、Golden Queen。日本常用的桃砧木是筑波 4 号、筑波 5 号，抗根结线虫、抗涝，与栽培品种嫁接亲和力强。法国选育并推广的无性系砧木 GF 677，抗重茬病效果好，在地中海沿岸地区适应性好。西班牙推广的桃砧木 GF 677、Garnem、Cadaman 抗重茬病效果明显。

我国生产上应用的桃砧木，主要是毛桃、山桃、甘肃桃和陕甘山桃的种子播种苗，几乎全部为实生砧木。采用毛桃作为桃砧木应用最为广泛，在山东、河北、山西、陕西、河南、湖北、湖南、安徽、江苏、浙江、福建、贵州、四川、云南、广东、江西、新疆均有应用；山桃次之，在辽宁、吉林、山东、河北、河南、山西、陕西、甘肃、新疆等省份有应用；甘肃桃和陕甘山桃主要在陕西、甘肃、四川北部应用；新疆桃和扁桃在新疆有应用；李主要在江苏、四川等省份有应用；杏在甘肃、内蒙古有应用；毛樱桃在浙江、江苏、江西有应用。近年来，国内已进行了中桃抗砧 1 号、GF 677 以及其他砧木的组培繁殖和扦插繁殖，在生产上逐步开始应用。在特性砧木应用方面，如具有矮化作用的李、具有抗线虫作用的筑波 4 号和筑波 5 号、美国育成的抗线虫品种 Nemared 等砧木仍然没有应用。专用砧木品种的推广和使用是果树栽培现代化的重要标志，随着市场竞争的加剧和桃树栽培管理向精细化、集约化方向发展，桃产业对优良、专用砧木品种的需求将日渐迫切。

第三节 桃苗木繁育发展趋势

世界各国对果树苗木繁育技术研究的重视程度越来越高。我国在桃的砧木品种及应用、苗木繁育技术等方面的工作起步较晚。在砧木方面主要进行了抗性和矮化砧木研究，在苗木繁育技术方面主要开展了砧木的无性繁殖以及大田育苗省力化等方面的技术研究。随着我国桃产业发展水平的不断提升，标准化、集约化、机械化和现代化已成为今后我国桃产业发展的必然方向，这就对我国桃苗木的生产提出了更高的要求。

一、砧木的选择应用更加科学

具有抗寒、抗旱、耐盐碱、耐涝、抗流胶病、抗根结线虫和抗重茬病特性砧木的培育是我国桃砧木培育的重点方向。随着我国砧木育种进程的加快和优良抗性砧木的选育，一批具有专一抗性或是在几个方面具有优异抗性的砧木品种将得到应用，如抗重茬砧木——中桃抗砧1号，具有耐盐碱土壤、耐旱、抗重茬和抗缺铁性黄化病能力的GF 677，具有矮化作用的砧木品种豫农矮化砧木1号以及耐涝砧木新品系李1号、李3号和李5号等。砧木品种的专一化将得到广泛重视，针对不同地区和不同栽培条件的专用砧木品种将得到推广和应用。

二、桃无性系砧木将得到广泛应用

桃无性系砧木能够保持品种的遗传特性，克服了实生砧木后代发生变异及性状分离的缺陷，采用无性繁殖方式繁育的苗木整齐度高、生长一致，为桃砧木的规模化生产奠定基础。当前在欧美等发达国家，桃砧木的无性繁殖技术已经非常成熟，无性系砧木已替代实生砧木。我国在此方面进行诸多研究，但增殖率低、生根率低和移栽成活率低的“三低”问题致使无性繁殖砧木在生产中未得到广泛利用。随着我国桃产业的发展，标准化果园建立对砧木品种的要求更高，如桃根结线虫病、重茬病、抗逆性差等问题，需要培育出大量的抗性砧木来解决。世界各国通过杂交技术培育出了一批具有特异抗性、适应性强的砧木，这些砧木杂合程度高，采用实生繁殖很难保证砧木的特性，这使得培育出的优良砧木无法通过实生繁殖的方法扩大生产，从而制约了桃产业的发展。

目前桃砧木无性繁殖的方法主要有组培快繁和扦插繁殖。近年来我国各相关科研单位已开始了桃砧木无性繁殖技术研究，在无性系砧木的繁殖技术方面取得了突破。同时我国已初步建立了桃砧木无性繁殖与工厂化育苗基地，在桃砧木无性繁殖技术和工厂化育苗方面，结合我国现有研究基础，消化吸收国外先进技术和管理经验，逐步形成了符合我国国情的桃砧木无性繁殖技术体系与工厂化育苗技术体系，桃砧木无性繁殖技术日趋完善。不久的将来，我国桃无性系砧木苗必将取代实生砧木苗而成为桃苗木繁育的主要砧木。

三、桃树苗木繁育机械化程度逐渐提高

桃树苗木繁育是劳动密集型生产过程，当前劳动力已成为制约苗木生产的主要因素，实现机械化生产已成为必然。许多发达国家已在播种、嫁接、起苗、苗圃管理等主要育苗环节实现了机械化操作。近年来我国对这些技术进行了引进、消化、学习和创新，研制出了类型、功能多样的播种、起苗和嫁接机械，促进了我国苗木产业的发展，播种机和起苗机已在我国大型育苗企业被广泛应用。随着我国科技的不断进步和农业机械化水平的不断提高，苗木繁育的主要环节终将实现机械化，苗木质量和育苗效率也将会大大提升。

四、集约化育苗推进种苗质量不断提高

随着我国桃产业规模的不断扩大和产业水平的不断提升，我国对优质种苗的需求将越来越大，苗木市场对苗木质量的要求将不断

提高。家庭小规模的苗木生产很难与产业的发展相适应。部分育苗个体将逐渐被大型育苗企业所取代，育苗水平和苗木质量也将得到进一步提升。

实现我国桃苗木的集约化生产将在很大程度上促进苗木生产的产业化、规模化和专业化发展，从而解决土地资源、劳动力资源过于分散等造成的苗木生产过程中砧木使用不规范、成本高、质量差等现实问题，促进苗木生产向着标准化和机械化方向发展，进一步提高苗木质量和生产效益，提高苗木生产技术水平。同时还将进一步集中发挥育苗企业的资源优势、资金优势和人力优势，及时根据市场信息调整育苗品种结构，促进苗木产业化经营，加快新品种的应用步伐，推动和促进我国桃产业的快速发展。

五、苗木的生产市场更加规范

当前我国桃苗木市场存在着无序竞争、管理混乱、知识产权保护意识差、苗木生产过于分散、苗木整体质量不高等问题。为了适应新形势，国家和地方相关部门将加强对苗木市场的监管力度，在现有国家标准的基础上，制定桃苗木质量标准和与之相适应的砧木繁育技术规程，实行苗木的标准化生产，加大立法和执法力度，保护新品种知识产权，进一步规范苗木市场，提高苗木市场准入门槛。同时借鉴国外成立苗木协会的经验，将分散育苗户组织起来，组成合作社，再将分散的合作社组织起来，形成规模较大的经济合作组织，形成有效的价格约束机制，规范市场秩序，以市场带动生产发展。按市场规律，把公司的资金优势、管理优势与生产者的土地优势、劳动力优势结合起来，加大规模生产经营力度，以适应发展的需要。最终向发挥资源优势和比较优势的方向发展，使我国的桃苗木能参与国际市场竞争，培育知名品牌。建立健全市场信息体系，加强信息网络建设，实现国际、国内网络联通，及时准确向生产和经营者提供各种有关信息。

第二章···
苗圃的规划与档案管理

第一节　苗圃地选择

一、地理位置

建立苗圃有几个一般原则必须遵守，特别重要的是苗圃地点和土壤的选择。这是经济合理地管理苗圃的基础。苗圃地点最好选在交通便利地区，以减少苗木运输成本和运输途中的损失，苗圃附近不能有强污染源。

苗圃地应选在无鸟兽害、未曾发生过重大苗木病虫害的土地。尽量避免选用重茬地以及各种老果园、林地等。长年种植马铃薯、茄科和十字花科作物的田地，易患猝倒病，也不宜用作苗圃地。对严重危害苗木的立枯病和地下病虫害（如蛴螬、金针虫、线虫、根瘤病）等，必须采取相应措施加以防治。

二、地势、地形

应选择背风向阳、日照良好、地势水平的地块，便于进行各种栽培管理活动。平地苗圃地下水位宜在距地面 1.5m 以下。应避开可能受到霜冻影响的区域，如果要采用当年成苗技术，这一点尤为重要，只有当砧木在春季末达到足够的直径时，才能在 6 月进行嫁接操作。应避免多风场地，因为需要人工或防风林等额外保护成本。同样，应避免靠近海岸，因为携带盐的风会造成叶片损伤、坏死，尤其是幼叶和茎尖。山地建立苗圃应考虑坡向，以西南向最好，因为温度高，昼夜温差小。不要在寒流汇集以及山洪、大雨易淹没的地方建立苗圃。

三、土壤条件

土壤类型的选择很重要。为了获得高质量的桃苗木，必须选择质地适中、排水良好、可获得灌溉水的土壤。实际生产中，桃适合种植在酸碱适中且排水良好的沙壤土上，但需避免重茬地育苗，桃不仅对本树种后作生长有抑制作用，而且对其他树种的后作生长也有很强的抑制作用。要避免同类或近缘果树苗木间的相互轮作，应与远缘的非果树类作物相结合，互为前茬或后作，采取合理施肥等田间管理措施可减轻重茬危害。

没有足够土地确保苗圃适当轮作的情况下，必须用熏蒸剂处理土壤。石灰氮是一种高效的土壤消毒剂，其分解的中间产物氰胺和双氰胺具有消杀作用，可防治各种土传病害及地下害虫。利用石灰氮防治土传病害，较常规土壤杀菌剂防治具有无残留、不污染环境等优点。

（一）土壤类型

根据土壤的质地不同，可将土壤分为沙土、壤土、黏土 3 类。

1. 沙土　土壤孔隙度大，通气及透水性强，土壤热容量小，温度升降速度快，特别是在早春温度上升迅速，但秋季夜间降温也快，其保水保肥力差，育苗时需肥需水量大。

2. 黏土　土壤孔隙度小，保肥性强，保水性强，土壤热容量大，通气不良，透水性差，早春土温上升慢。

3. 壤土　兼有沙土与黏土的优点，通气、透水性好，保水保肥，土温稳定，耕作方便，地表径流小，灌水均匀不返盐碱，有利根系发育和幼苗出土。

（二）土壤有机质

桃适合种植于肥沃的土壤上，富含有机质的土壤能够为桃树提供充足的氮、磷、钾等营养元素。土壤有机质既是土壤养分的主要来源，又对土壤的理化、生物特性和各个肥力因素产生重大影响。有机质中含有苗木生长发育所需的碳、氢、氧、氮、硫、磷和微量的铁、镁、锰、硼、锌等元素，它们在微生物分泌酶的作用下分解释放出来，被苗木根系所吸收，满足苗木的需要。

（三）土壤微生物

土壤有机质的分解依赖于微生物的活动。微生物主要包括细菌、真菌、放线菌等，有益的细菌有腐生菌、固氮菌等，它们具有把苗木不能直接利用的养分转变为可溶于水的速效养分的功能。有益微生物的多少与土壤肥力成正比。因此，应在苗床中增施有机肥，为微生物提供食物，同时为它们创造良好的通气条件和 pH 接近于中性的环境。除此之外，土壤中还有部分有害微生物。

（四）土壤温度

苗木都有一个适宜生长发育的土温范围，不同发育阶段都对土温有一定的要求。特别是在实生繁殖的幼苗期和扦插生根期间，适当提高土温可促进幼苗扎根，还能促进插穗早日形成愈伤组织。桃扦插的适宜温度为 25℃左右。

（五）土壤 pH

土壤 pH 既影响土壤理化性质，又直接影响苗木生育。桃苗木在 pH 为 5.5～7 的土壤中表现良好，过酸的土壤易引起铁、锰、磷的缺乏症。对于 pH 在 5 以下的酸性土壤可施用石灰及草木灰等进行改良。

四、水分条件

水分是苗木进行光合作用的重要原料之一，肥料的吸收、利用以及有机质的运转等都离不开水分。种子萌发时，土壤相对含水量以 50%～60%为宜。

五、温度

只有在一定的温度条件下，种子、种苗的生命活动才能够正常进行。温度存在周期性变化与非周期性变化。温度的高低还会影响光合作用与蒸腾作用。光合作用的适温因苗木种类及发育阶段而异。温度高于 38℃时对光合作用不利。在一定温度内，气温与蒸腾耗水成正相关。

六、光照

太阳是主要光源，同时也有以其他灯光为辅助光源的。光对生长发育的影响主要表现在光照度、光质和光周期3个方面。光合作用光子通量（PPF）是植物繁殖的最佳光照度指标。光合有效辐射在400～700nm波段测量为PPF，用量子传感器测量，输出的数值计量单位为单位时间单位面积的微摩尔光子数［μmol/（m^2·s）］，或用日射强度传感器测量，输出的数值计量单位为W/m^2。也可使用光照度传感器测量光照度，输出的数值计量单位是lx。光度传感器对植物生长重要的波长相对不敏感，它没有考虑光源是否富含绿色和黄色光，或缺乏红色和蓝色光。为了同时测定光质或波长，可使用便携式光谱仪。

在太阳辐射中，可见光中的蓝紫光区和红橙光区是光合作用的主要利用部分。蓝紫光抑制茎、叶等营养器官的伸长生长，使苗木形成蛋白质、脂肪较多。红橙光有促进苗木生长和催芽作用。

第二节　苗圃规划设计的准备工作

一、勘测

调查苗圃地的历史、地势、土壤、水源、交通、病虫草害（主要调查苗圃地内的地下害虫如蛴螬、蝼蛄以及深根性杂草）等，以及周围的环境、居民点等社会经济条件，提出改造各项条件的初步意见和采取的技术措施。

二、绘图

平面地形图是苗圃进行规划设计的依据。与设计直接有关的地上物应尽量绘入，标清。

三、土壤调查

根据苗圃地自然条件、地势及指示植物的分布，记载土壤厚度、种类、分布、肥力状况和土壤改良的途径。

四、气象资料的收集

年、月、日平均气温，日最高、最低气温，土表层最高、最低温度，年、月、日平均降水量，最大降水量及其分布，平均风速，主风方向，有霜天数及初、终期，冻土层深度，地下 10cm 和 20cm 处结冻与解冻日期。

第三节　苗圃的规划设计

依据苗圃的规模可将苗圃划分为小型苗圃和大型苗圃。依育苗场所需要设施的不同，又可将苗圃分为露地苗圃和保护地苗圃。保护地苗圃指温室、塑料大棚、苗床等。建立苗圃前，要根据当地气候、地形、土壤等情况进行全面合理的布局和规划。通常专业苗圃应包括 3 个部分，即生产区、辅助区、管理区。

一、苗圃面积的计算

苗圃的大小应根据苗木生产数量而定。苗圃总面积应包括生产用地面积和非生产用地（辅助区域用地）面积 2 部分。生产用地面积是指直接用于育苗的土地及轮作面积。非生产用地面积包括道路、房舍、排灌系统、蓄水池、制肥场、苗木贮存、场院、防风林、沟、篱等所占面积。非生产用地面积一般不应超过苗圃总面积的 20%。

二、生产区规划

（一）母本圃

主要任务是保存品种、砧木原种。砧木母本圃提供砧木种子和无性砧木繁殖材料。品种母本圃提供嫁接所需的接穗。为了保证苗木的纯度，防止检疫性病虫害的传播，母本圃内禁止苗木嫁接等繁殖活动，无病毒苗木的母本圃要与周边生产性果园有 50～100m 的间隔距离。当前一般均从生产果园的品种上直接采集接穗，砧木种子则主要采自生产园或野生植株。

（二）扩繁采穗圃

扩繁采穗圃包括品种采穗圃、砧木采种圃。扩繁采穗圃主要任务是将母本圃提供的繁殖材料进行扩繁，向下一级苗圃（生产用苗繁殖圃）提供大量可靠的砧木种子、插穗以及需要繁育品种的接穗。

（三）繁殖圃

直接繁殖生产用苗。其所用繁殖材料应来自扩繁采穗圃。生产和经营活动受相关部门的监督和管理。规划时要将苗圃地中最好的地段作为繁殖区。为了管理方便，最好结合地形采用长方形划区，宽度可为长度的1/3～1/2。如果苗圃同时繁殖多种果树苗，宜将仁果类小区与核果类、浆果类小区分开，以便于耕作管理和病虫害防治。要实行轮作倒茬。连作会引起苗木生长不良，因此应避免连作。育苗轮作时，轮作间隔年限一般为3～5年。目前国内桃育苗仍以实生播种繁育砧木为主。

三、辅助区域规划

辅助区域用地面积一般占苗圃总面积的15%～20%。大型苗圃干路宽约6m。支路可结合大区划分进行设置，一般路宽3m左右。大区内可根据需要分成若干小区，小区间可设小路。排灌系统结合地形和道路建设做统一的规划设置。苗圃的排灌系统应形成网络，做到旱能灌、涝能排。沟渠比降不宜过大，通常不超过0.1%。办公室、种子贮藏室、化肥农药室、苗木分级包装室、苗木贮藏库以及员工宿舍等应选交通便捷的地点，以不占用好地为宜。

第四节　育苗常用材料、设施、设备与机械

一、主要的育苗方式

（一）露地育苗

露地育苗是指全过程在露地条件下进行的育苗方式，这种方式

只能在适宜苗木生长的环境条件下进行，1 年繁育 1 代或 2 年繁育 1 代。

（二）保护地育苗

保护地育苗是利用保护设施，如现代化全自动控温室、供暖温室、日光温室、塑料大棚、小拱棚、荫棚等，创造适宜苗木生长的环境条件进行育苗的方式。露地扦插或播种育苗时，加盖小拱棚以提高地温，保持湿度。以组织培养方法繁殖苗木必须结合保护地育苗，组织培养瓶苗的炼苗和移栽需要温室、荫棚等设施。

（三）无土栽培育苗

无土栽培是指用营养液或固体基质加营养液栽培的方法。其中固体基质或营养液代替传统的土壤向植物提供良好的水、肥、气、热等根际环境条件，使植物完成整个生长过程。

1. 固体基质栽培　生产中很少用到单一基质栽培，广泛采用 2 种或几种基质按照一定的比例混合而成的混合基质。常见的是 2～3 种基质进行混合。对混合基质的要求是容重适宜，孔隙度适宜。固体基质培养常常结合容器育苗和保护地育苗，发挥基质的优势，提高容器育苗效果。

2. 雾培　雾培是让离体材料在一个优化的气雾环境中直接生根，雾化又分为下切口内雾化与枝叶外雾化，内雾化为切口部位提供适宜的湿度环境及温度环境，外雾化实现枝叶水分蒸腾的平衡及温度的调节。内雾化在为切口提供湿润雾环境的同时，还可以结合生根激素、营养液、生物活性物质的科学混配技术，为切口细胞活化及根原基的发育创造最适合的环境，对于生根有积极的调控及促进作用，可以非常方便地进行切口部位的消毒与杀菌，这是固体基质栽培所不可比的。

（四）容器育苗

容器育苗可以随时移栽，具有质量好、起运方便、移栽成活率高、便于管理等诸多优点。桃树育苗常 1～3 年出圃，较适合的容器有营养钵、种植袋和硬质塑料容器等。

二、育苗常用材料

（一）基质材料

用于幼苗繁殖和生长的基质必须具备以下特性：致密坚固，以便在生根或发芽期间将插穗或种子固定在适当的位置；基质无论是湿的还是干的，其体积必须相对恒定，还应高度稳定（最好维持碳氮比为20∶1），以防止生产过程中氮的固定和过度吸收；必须易于润湿（不太疏水），并能保持足够的水分，以减少浇水次数；必须具有足够的孔隙，以使多余的水分排出，允许氧气充分到达根部，并在容器底部形成一个水分饱和生长区；必须没有害虫、杂草种子、线虫和各种病原体；必须具有低盐碱水平，应能够进行巴氏消毒或化学处理，而不会产生有害影响；每批产品的质量应一致，且可重复利用；价格合理可承受。

育苗基质由有机物和无机物混合而成，它们具有不同但互补的特性。有机物通常包括草炭、软木和硬木树皮。应避免使用木屑和稻壳，因为它们容易氧化，容易压实，这会减少孔隙和通气量，而且它们的碳氮比很高，会导致营养问题。无机物通常包括沙（避免细颗粒沙）、沙砾、矿渣、膨胀页岩、珍珠岩、蛭石、聚苯乙烯、黏土颗粒和岩棉。粗矿物通过增加孔隙来改善排水和通风条件。

常用的基质材料有以下几种。

1. 草炭 即泥炭，古代湖沼地带的植物被埋地下，在缺氧条件下，各种植物残体不能充分分解，经过长时间积累，形成3～6m厚半分解有机质层。它含有大量的有机质和腐殖酸以及一部分矿物质，有机质含量在30%以上，腐殖酸含量为40%～50%，含氮、磷、钾总量在3%以上，多呈棕色或黑色，纤维状结构，质地松软，易于散碎，相对密度0.7～1.05，具有可燃性和吸气性，吸水性强，保水性良好，pH一般为5.5～6.5，呈微酸性，无味、无臭、无毒。

草炭分为2种类型。低位草炭是在积水低洼地和富含矿物质的条件下形成的物质，灰分、养分和腐殖酸含量高，呈微酸性至中性，分解程度高。高位草炭在地势稍高的地方或低位草炭凸出的上层，其特点是分解程度差，含氮元素和其他矿质元素中等，属贫营养型草炭，呈酸性或强酸性，会对植物生长发育造成危害。

2. 珍珠岩 珍珠岩主要分闭孔珍珠岩和膨胀珍珠岩。闭孔珍珠岩是一种无机玻璃质矿物材料，吸水量小，一般种植业不宜采用。

膨胀珍珠岩是一种无毒、无味、不燃、不腐、耐酸碱、保温、内部呈蜂窝状结构的物质，是由酸性火山玻璃岩经破碎，筛分至一定粒度，再经预热，在1 400℃以上高温气流中瞬间膨胀10～25倍而成的一种白色或浅色的材料，其内部为微孔状结构，吸水量可达自身重量的4～9倍，透气性好。在农业领域该产品主要用于无土栽培、改良土壤和保水保肥。珍珠岩的主要化学成分是二氧化硅（70%～75%）、氧化钙（0.1%～2.0%）、氧化铝（12%～16%）、氧化钠（1.0%～5.0%）、氧化铁（0.1%～1.5%）、氧化钾（1.0%～5.0%）。

育苗过程中使用珍珠岩主要需要考虑以下几点：①目数。分30～50目、50～70目以及其他规格。②堆积密度：30～50目的珍珠岩堆积密度要求为120～140kg/m^3，高于或低于此范围的均判为不合格品；50～70目的珍珠岩堆积密度要求为140～160kg/m^3，高于或低于此范围的均判为不合格品。③体积吸水率。④体积漂浮率。几项指标的检测标准见《膨胀玻化微珠》（JC/T 1042—2007）中的规定。

3. 蛭石 蛭石分多种，育苗过程中多使用园艺蛭石。园艺蛭石是一种在高温下会膨胀的矿物质，因受热膨胀呈挠曲状，形态酷似水蛭而称为蛭石。园艺蛭石具有透气性好、吸水性强的特点。蛭石作为种植盆栽树和商业苗床的营养基质，可使作物获得充足的水分，有效地促进植物根系的生长和稳定发育，长时间提供植物生长所必需的水分及营养，促进植物较快生长。园艺蛭石是一种含水的水铝硅酸盐矿物质，富含镁和铁。经高温灼烧后，体积增大18～25倍，颜色变为金黄色或银白色，偏碱性。

蛭石可以向植物提供自身含有的镁、铁、钙、钾、钼、铜、锌等元素，且具有较高的阳离子交换量和较强的阳离子交换能力（Cation Exchange Capacity，简称 CEC），容重为 50～200kg/m^3。在土壤中加入一定量的园艺蛭石，可以起到疏松、透气、保水、保肥和改良土壤的作用，可以保持植物根部的透气性和土壤水分，保证土壤稳定性。

因为园艺蛭石容易粉化，所以在选择蛭石时，尽量选择大颗粒粗蛭石，相对更为耐用。育苗用蛭石可以选择 1～3mm 的小颗粒蛭石，有利于种子发芽。6mm 大颗粒蛭石混入栽培基质中有利于提高基质的保水、透气、保肥能力。在生产中银白色蛭石和金黄色蛭石的效果区别不是很大，但是银白色蛭石价格相对要贵，所以在没有特殊要求的情况下，一般选择金黄色蛭石即可。

4. 土壤　土壤由固态、液态和气态物质组成。为了使植物生长良好，这些物质必须以适当的比例存在。土壤的固体部分由无机和有机成分组成。这些无机成分的大小从砾石到极微小的黏土柱状颗粒不等，土壤的质地由这些颗粒所占的相对比例决定。较粗的颗粒主要用作土壤支撑框架，而土壤中的黏土颗粒则用作植物释放和吸收养分的贮藏。昆虫、真菌、细菌和植物根通常构成了活的有机成分，而这些动物和植物在不同腐烂阶段的残骸构成了死的有机成分。这种腐烂的残留物（称为腐殖质）大部分是胶状的，有助于保持水分和植物营养。土壤的液体部分，即土壤溶液，由溶解盐以及溶解了氧气和二氧化碳的水组成。

5. 沙子　沙子由直径为 0.05～2.0mm 的小岩石颗粒组成，是各种岩石风化形成的。沙子的矿物成分取决于岩石的类型。石英砂主要由硅石复合物组成，最好在使用前进行熏蒸消毒或巴氏消毒，因为它可能含有杂草种子和各种有害病原体。沙子实际上不含矿质营养，也没有缓冲能力或阳离子交换能力。它主要与有机材料结合使用。

6. 基质混合范例　康奈尔泥炭混合基质是一种无土基质，最早在 20 世纪 60 年代中叶被开发，主要用于种子萌发和容器栽培。

康奈尔泥炭混合基质重量轻，易于获得，具有适合植物生长的化学和物理特性。细碎的树皮经常被用来代替泥炭藓。制作 0.76m^3 康奈尔泥炭混合基质需要 0.035m^3 切碎的泥炭藓、0.035m^3 园艺蛭石、42g 硝酸铵、42g 粉状过磷酸钙（20％五氧化二磷）、210g 细磨白云质石岩。材料应充分混合，混合时应特别注意润湿泥炭藓。添加非离子润湿剂通常有助于润湿泥炭藓。

（二）容器

1. 育苗穴盘 育苗穴盘的穴孔形状主要为方形和圆形，标准穴盘的尺寸为长 540mm、宽 280mm，孔穴数为 18～800 孔。育苗穴盘的颜色会影响植物根部的温度。白色的聚苯泡沫盘反光性较好，多用于夏季和秋季提早育苗，冬季和春季选择黑色育苗盘。苗木长大后，就应移入较大的育苗容器内继续生长。

2. 营养钵（纸、无纺布、塑料） 又称育苗钵、育苗杯、育秧盆、营养杯，其材质多为塑料，用营养钵育种、育苗便于集中培育和移栽。

3. 育苗袋 无纺布育苗袋解决了塑料营养钵育苗过程中因幼苗根系无法穿透容器壁而造成的窝根、歪根、稀根、腐根等问题，轻基质无纺布容器苗无缠根现象，而且苗木一旦入土就会直接生长，省去了蹲苗期。

三、育苗设施

工厂化育苗是发展趋势之一，要实现工厂化育苗，必须有相应的设施和设备。工厂化育苗的基本要求有：保证环境条件指标；提高育苗环境调控的自动化水平及生产操作的机械化水平；在保证苗木正常生长发育的前提下，尽可能地降低设施、设备的成本费用。

通过播种、扦插、嫁接和其他方法繁殖植物所需的设施包括具有温度控制和充足光照的结构，例如温室、温床等，用于种子发芽、插条生根、组织培养苗生根及炼苗等。

（一）连栋温室

温室是一种保护设施。现代连栋温室的特点是占地面积小，便于环境自动化调控，温室内温度及光照均匀，容易培育出整齐一致的苗木。其不足之处是投入较大，冬季保温性差，耗能大，夏季自然通风降温较困难，需要有机械通风及人工降温措施，育苗成本较高。可采用外覆盖及室内多层覆盖保温等措施提高效能。连栋温室内应装配以下主要设备。

1. 自动或半自动增温控温设备 可设暖气加温，可用小锅炉热水或暖风炉加温。通风系统应该完善，依据温室类型及面积大小，选用排风扇、屋顶自动开窗装置。室内应备有高温、低温警报器。应有湿帘、遮阳网或喷水降温等设备，防止高温危害。

2. 空气相对湿度控制设备 在空气相对湿度过高时应开放顶窗或排湿风扇排湿，空气相对湿度过低时可通过弥雾设备增湿。

3. CO_2发生及释放装置 苗木生长旺盛时，白天定量释放CO_2，保证碳源。

4. 补光设备 光照时间可以被控制以延迟芽休眠和延长植物的生长时间，可用于促进根的萌生，还可用于增加生根插穗的碳水化合物储备。温室照明的最佳光源是高压钠灯，发出的大部分光是红光和黄光，而蓝光非常缺乏，与自然日光配合使用时效果良好。高压钠灯发光效率高，对于大型温室，应在设计时考虑安装。发光二极管（LED）没有灯丝，只有一个微芯片，而且非常节能，现代植物工厂也普遍采用。

5. 育苗架 温室内应设有育苗架，并配有营养液喷施装置。

（二）节能型日光温室

节能型日光温室在冬季夜间不加温的情况下可以保持室内外温差在25～30℃。在冬春季较寒冷的地区采用这种温室进行工厂化育苗，能耗及生产费用降低，能够培育出成本低、质量较好的苗木。但这种温室的温度、光照不够均匀，苗生长有较明显的趋光性。适当加大跨度及高度的节能型日光温室，可成为我国北方地区工厂化育苗的首选温室类型。

（三）塑料大棚

塑料大棚也是一种日光温室，只不过结构简单，保温性能差一些，但却具有造价低，温度、光照均匀等优点。塑料大棚利用太阳能，有一定的保温作用，并通过卷膜，能在一定范围内调节棚内的温度和空气相对湿度，还可更换遮阳网用于夏秋季遮阳降温以及防雨、防风、防雹等。

镀锌钢管结构的大棚骨架，其拱杆、纵向拉杆、端头立柱均为薄壁钢管，并用专用卡具连接形成整体，跨度8～12m，肩高1.5～1.8m，脊高2.5～3.2m，长度50～100m，拱架间距0.8～1m，纵向用纵拉杆连接固定成整体。可用卷膜机通过卷膜或放膜实现通风、遮阳和降温。

（四）电热温床

电热温床可有效地提高地温及近地表气温，设备体积小，利用率高，可按照育苗要求控制适宜温度，尤其是在北方冬季扦插育苗环节中，可以提高生根率和苗木质量。

电加温线与控温仪是电热温床的2个主要设备。如果电加温线的功率大于控温仪的允许负载时，应外加交流接触器。如果温室内温度过低，应在电加温线下铺设隔热层，在床架上再加设小拱棚，有利于夜间保温。

（五）苗木贮藏库

苗木贮藏是为了更好地保护苗木，推迟苗木发芽期，延后栽植或销售。贮藏条件要求温度控制在0～3℃，空气相对湿度为85%～90%，要有通气条件。只要能控制好上述条件，无论采用哪种方法，均能达到良好的效果。也可将裸根挖起的苗木分级消毒后，放在空气相对湿度大、温度低（5℃左右）、无自然光线的冷藏库中。

四、育苗设备与机械

（一）设备

1. 育苗环境自动控制系统 指育苗过程中的温度、湿度、光照等的控制系统。

加温系统：育苗设施内的温度要求冬季白天晴天达25℃，阴雪天达20℃，夜间温度能保持在14～16℃。可用电暖或水暖系统。

保温系统：设施内设有遮阳保温帘，四周有侧卷帘，入冬前四周加装薄膜保温。

降温排湿系统：育苗设施上部可设置外遮阳网以降低设施内部的温度。在夏季高温干燥地区，还可以通过湿帘风机来降温加湿。

补光系统：苗床上部配置光通量为160 000lx、光波长为550～600nm的高压钠灯，在自然光照不足时，开启补光系统可增加光照度。

控制系统：工厂化育苗的控制系统对环境进行调节，由传感器、控制器、电源、监视器和控制软件组成，准确有效地控制加温、保温、降温、加湿、排湿、补光和微灌溉系统。

2. 灌溉和营养液补充设备 苗木工厂化生产必须能够精确地调节供水量和喷淋时间，并能兼顾营养液的补充和喷施农药的喷灌设备，最理想的是能根据基质含水量、苗木的生长速度和生长量、叶片大小以及环境的温度、空气相对湿度状况决定育苗过程中的灌溉时间和灌溉量。

3. 运苗车与育苗床架 运苗车根据商品苗的高度确定放置架的高度，采用多层结构，车体分体组合式，以利于不同规格苗的搬运和装卸。

育苗床架可选用固定床架或移动式床架。应根据温室的宽度和长度设计育苗床架。移动式床架设计只需留一条走道，通过苗床的滚轴任意移动苗床。

4. 基质消毒设备 为了防止育苗基质中带有致病微生物，最好将基质消毒后再用。如果采用新草炭或刚出炉的蛭石，可以不消毒，直接使用，如果掺有其他有机肥或基质，则需要经过消毒后使用。基质消毒分干热消毒和蒸汽消毒2种。干热消毒是用燃料加热机内空气，基质在消毒机内进出过程中由热空气加热消毒；蒸汽消毒由蒸汽锅炉产生蒸汽加热基质进行消毒。

（二）机械

荷兰大坤园林机械苗圃公司生产了Multitrike 330、Multitrike 355等型号的果树田间管理机；法国泰克诺玛科技公司生产了TRH 65、

AXH 110 和 TXH 1400 型号的苗圃管理车。

1. 播种机 桃核播种机由种子箱、传送器、平沟器、开沟器、锥形轮、传动链条、齿轮、接地轮、支架和牵引架组成。使用时，桃核放置在种子箱内，由动力装置带动播种机行走，接地轮带动齿轮旋转，在传动链条的作用下锥形轮与齿轮同步旋转，锥形轮则带动传送器输送桃核，实施种植。

2. 起苗机 苗木保护重点是根部，起苗时根据果树的根系分布规律，宜深不宜浅，过浅易伤根。若起出的苗根系太少，会导致栽后苗木成活率低或生长势减弱。起苗机应达到以下技术要求：①起苗深度应符合果树根系的生长规律和植树的要求，一般为35～40cm。②起苗时不得发生翻转和移动，以免拔出或埋没苗木。③起苗刀刀刃应锋利，避免撕断根系。④机具结构应合理，不得碰伤苗木。

3. 除草机 在苗木繁育环节，苗圃除草也是相当费工费时的工作，尤其是行间杂草，影响苗木后期的生长以及给嫁接、起苗等环节带来了不便，采用除草机可轻松对苗圃行间杂草进行清除。割灌机、背负式除草机、手推式除草机或割草机等均能对不同面积的苗圃行间及地边杂草进行清除。

4. 打药机 目前市场上的打药机类型很多，很多类型的打药机都可用于苗圃打药。自走式打药机、水雾两用式打药机、弥雾机、三轮车式打药机、四轮手推式打药机等均可用于苗圃病虫害防治以及叶面施肥。打药机产生的雾粒直径很小，使得大量雾粒在空间弥漫，分布均匀，大大增加了与病菌和害虫接触的机会，有效提高了防治效果。

5. 嫁接机 嫁接是果树育苗中常用的一项重要技术，传统的果树嫁接通常利用剪枝剪或芽接刀手工操作，技术要求高，劳动强度大，嫁接速度慢，且受环境的限制。果树嫁接机有效解决了上述问题，并且切口整齐一致，成活率高。目前，果树嫁接机主要为枝接机械，通过机械部件传动，用刀具将接穗和砧木切出固定的切口，然后人工对接包扎。近年来山东果树所发明的果树嫁接机械适合室内嫁接，切口为V形。台湾发明的果树嫁接机为手持式，体积小，重量轻，田间和室内均可使用，其接口为U形和Ω形。适宜嫁接的枝条直径为5～12mm。有些改进型嫁接机，为了进一步减轻劳动强度，采用电动或气动装置。

此外，桃育苗过程中还经常使用到苗木打包机、苗木移栽平台等机械。

第五节　苗圃技术档案

一、建立苗圃技术档案的意义

从苗圃投入使用开始，应建立苗圃技术档案。通过不间断地记录、积累、整理、分析和总结苗木的生长状况、育苗技术措施及苗圃日常作业情况等，及时、准确地掌握各种苗木的生长节律，分析总结育苗技术经验，探索土地、劳动力、机具和物料的合理使用方法，建立健全计划管理制度。

二、苗圃技术档案的内容

（一）苗圃基本情况档案

记录苗圃土壤类型、肥力水平、平面图和附属设施图、土壤改良过程、气象观测资料和灾害性天气等情况。

（二）品种引种档案

画出栽植图，按树种、品种标明面积、数量、嫁接或扦插的品种区、行号或株号。

（三）土地利用档案

记录土地利用和耕作情况的档案，包括作业面积、作业方式、整地方法、施肥和灌水情况、育苗种类和数量及产量、质量情况，还要计算各类用地比例，为合理轮作和科学经营提供依据。同时还要将苗木轮作计划及轮作后的苗木生长情况都记入档案。

（四）育苗技术档案

主要记录每年各种苗木的培育过程。包括各项技术措施的设计方案、实施方法、结果调查等内容。同时记录主要病虫害及防治方法，以利于制订周年管理历。

（五）苗木生长调查档案

记载苗木生长过程，掌握其生长规律及其与自然条件和人为措施的关系，为合理育苗提供依据。

（六）苗木销售档案

销售苗木种类、数量、去向记入档案，以了解市场需求、栽植后情况和果树树种、品种流向分布。

（七）苗圃工作日志

各种会议和决策、人员和用工以及投入等情况，为成本核算、提高劳动生产率等提供依据。

（八）育苗合同

育苗单位与购苗方应签订育苗合同，在合同中应明确以下内容：育苗单位和购苗方各自的责任和义务；繁育苗木的品种、数量；供应和技术指导计划；违背合同条款时，合同各方应承担的责任和义务。

三、建立苗圃技术档案的要求

苗圃技术档案能提高苗圃经营管理水平，要真正落实、长期坚持、不间断，要设管理人员，观察记载要认真负责、实事求是、及时准确。每个生产周期结束后，有关人员必须对观察记载材料及时进行汇总整理，分类整理装订、登记造册、归档，长期妥善保管。

第三章 • • •
实生种子砧木繁育技术

第一节　实生种子砧木品种

种子繁殖仍然是桃砧木苗生产中最广泛采用的方法。尽管在欧美一些国家桃的无性系砧木被大量使用，但在大多数国家实生种子砧木仍然是目前首选的砧木，主要原因是成本低。现在有很多有特定抗性的实生种子砧木品种，它们通过有性繁殖传递给后代特定遗传同质性状。如果要使用实生种子砧木，需注意种子母树与附近的桃园隔离，以防止不必要的异花授粉。国外种子砧品种有法国的 Rubirà、Higamà 和 Montclar，意大利的 P.S.A 5、P.S.A 6 和 P.S.A 7，加拿大的 Siberian C、Bailey 和 Harrow Blood，美国的 Nemaguard、Nemared 和 Guardian。这些种子砧品种在其系内同质，因其不同的树势、抗病虫特性等而被选择。种子种源和特性是种子繁殖的重要考虑因素。

一些加工桃品种的种子，也可作为繁育种子砧的重要种子来源，如美国、加拿大和墨西哥的 Lovell、Halford、Bailey 和 Suncling，阿根廷的 Polara 和 Sims，巴西的 Algrighi 和 Capdeboscq。这些品种砧木的特性不如遗传选择的桃亚属种子砧系，但它们仍然具有野生型桃种子所不具备的某些特征。

我国一些常用的种子砧特性介绍如下。

一、毛桃

落叶乔木，树皮光滑、暗紫红色，枝纤细、紫红色。叶片狭椭圆状披针形，基部宽楔形，先端渐尖，两面均无毛，叶柄纤细，早落。花单生，先于叶开放；花梗极短，无毛；花瓣倒卵形或近圆形，淡粉红色或白色，基部具短爪；雄蕊约30枚，长短不等，与花瓣近等或稍短；花柱线形，稍长于雄蕊，基部被柔毛，子房密被柔毛。果实圆形，果顶微尖，绿黄色，果面密被短柔毛；果肉薄，离核；果核小，有沟纹。花期3—4月，果期8月。毛桃根系发达，生长旺盛，具有一定的抗旱、抗寒性，耐高温多湿气候，耐涝性强于山桃，与栽培桃品种嫁接亲和力强，是我国南北方应用最为广泛的桃树砧木。

二、山桃

别名花桃，落叶小乔木，广泛分布在吉林、辽宁、北京、山东、山西、甘肃、陕西、安徽、河北等省份。树冠开展，树皮暗紫色，光滑；小枝细长，直立。叶片长椭圆状披针形，先端渐尖，基部楔形，两面无毛。花单生，先于叶开放；花梗极短或几无梗；萼筒钟形，萼片卵形至长卵圆形；雄蕊多数，与花瓣等长或稍短；花柱长于雄蕊或等长。果实近圆形，成熟时呈黄绿色；果肉薄，不可食，成熟时不开裂；核圆形或近圆形，表面具纵、横沟纹和点纹，与果肉分离。花期3—4月，果期7—8月，在北方地区主要作桃、梅、李等果树的砧木。木材质硬而重，果核可制作玩具、手串等，种仁可榨油供食用。山桃抗旱耐寒，又耐盐碱土壤，对土壤适应性强，耐瘠薄，怕涝，喜光。山桃原野生于各大山区及半山区，对自然环境适应性很强，一般土质上都能生长，对土壤要求不严。

三、新疆桃

我国新疆栽培，中亚地区也大量栽培，因果实不耐运输，所以主要作为地方品种生产。乔木，枝条红褐色，有光泽，无毛，具多数皮孔。冬芽2～3个簇生于叶腋处，被短柔毛。叶片披针形，先端渐尖，基部宽楔形至圆形，上面无毛，下面在脉腋间具稀疏柔毛，侧脉12～14对，离开主脉后即弧形上升，在叶边逐渐相互接近，但不彼此结合。果实扁圆形或近圆形，绿白色，有时具浅红色晕，外被短柔毛；果肉多汁，酸甜，有香味，离核，成熟时不开裂；核圆形、扁球形或宽椭圆形，两侧扁平，顶端渐尖，基部近截形，表面具纵向平行沟纹和极稀疏的小点纹；种仁味苦或微甜。

四、甘肃桃

蔷薇科桃属落叶乔木或灌木，为我国特有植物。小枝细长，无毛，绿褐色，阳面红褐色，具不明显小皮孔。冬芽卵形至长卵形，顶端稍钝，无毛。叶片卵状披针形或披针形，先端渐尖，基部宽楔形。花单生，先于叶开放；花梗极短；萼筒钟形，外被少量短柔毛；花瓣近圆形或宽倒卵形，白色或浅粉红色；果实卵圆形或近球形，熟时淡黄色，外面密被短柔毛，肉质，熟时不开裂；核近球形，两侧明显，扁平，顶端圆钝，基部近截形，两侧对称，表面具纵、横浅沟纹，无点纹。

五、陕甘山桃

产自陕西、甘肃、山西，生长于海拔 900～2 000m 的山坡灌丛或疏林中。乔木，高 3～8m；树冠宽广而平展；树皮暗红褐色，老时粗糙呈鳞片状；小枝细长，无毛，有光泽，绿色，向阳处转变成红色，具大量小皮孔。冬芽圆锥形，顶端钝，外被短柔毛，常 2～3 个簇生，中间为叶芽，两侧为花芽。叶片长圆披针形、椭圆披针形或倒卵状披针形，长 7～15cm，宽 2～3.5cm，先端渐尖，基部宽楔形，上面无毛，下面在脉腋间具少数短柔毛或无毛，叶边具细锯齿或粗锯齿，齿端具腺体或无腺体；叶柄粗壮，长 1～2cm，常具 1 枚至数枚腺体，有时无腺体。花单生，先于叶开放，直径 2.5～3.5cm；花梗极短或几无梗；萼筒钟形，被短柔毛，绿色而具红色斑点；萼片卵形至长圆形，顶端圆钝，外被短柔毛；花瓣椭圆形至宽倒卵形，粉红色，罕为白色；雄蕊 20～30 枚，花药绯红色；花柱几与雄蕊等长或稍短，子房被短柔毛。果实形状和大小均有变异，卵形、宽椭圆形或扁圆形，直径 5～7cm，长几乎与宽相等，色泽变化由淡绿白色至橙黄色，常在向阳面具红晕，外面密被短柔毛，稀无毛，腹缝明显，果梗短而深入果洼；果肉白色、浅绿白色、黄色、橙黄色或红色，多汁有香味，甜或酸甜；核大，离核或黏核，椭圆形或近圆形，两侧扁平，顶端渐尖，表面具纵、横沟纹和孔穴；种仁味苦，稀味甜。

六、西康扁桃

产自甘肃南部和四川西北部，生长于海拔 1 500～2 600m 的山坡向阳处或溪流边。密生小灌木，高 1～2m；枝条开展，有刺；小枝灰褐色，无毛，具多数不明显小皮孔。短枝上叶多数簇生，一年生枝上叶常互生；叶片长椭圆形、长圆形或倒卵状披针形，长 1.5～4cm，宽 0.5～1.5cm，先端圆钝至急尖，有小尖头，基部楔形，两面无毛，上面暗绿色，下面浅绿色，叶边有圆钝细锯齿，侧脉 5～8 对；叶柄长 5～10mm，无毛。花单生，直径约 2.5cm；花无梗或近无梗；花萼无毛；萼片长椭圆形，有不明显的细锯齿。果实近球形或卵球形，直径 1.5～2cm，紫红色，外面密被柔毛，近无梗；果肉薄而干燥，成熟时开裂；核近球形，直径 1.3～1.8cm，顶端稍钝，基部近截形，腹缝扁而宽阔，表面具不明显浅沟纹，无孔穴。花期 4—5 月，果期 6—7 月。

七、青州蜜桃

青州蜜桃种粒小，种仁饱满，因为双仁率高达 33%以上，所以培育砧木出苗率高达 115%，目前成为山东等省份主要的桃树砧木资源。青州蜜桃树生长快，根系发达，桃核春季播种，6 月中下旬即可进行嫁接，可嫁接株率达 90%以上。嫁接苗当年出圃。苗木栽植后生长健壮，结果早，进入盛果期早。青州蜜桃实生苗与各类桃品种的嫁接亲和力强，嫁接成活率达 95%以上，与多种核果类果树也表现较高的亲和力，可在其上嫁接杏树、紫叶矮樱、美人梅、紫叶李等多种果树以及城镇绿化苗木。以青州蜜桃为砧木嫁接的桃树比以山桃为砧木嫁接的桃树抗涝性强，不易死树。青州蜜桃作为砧木基部萌蘖比山桃少，管理方便。

第二节　种子和土壤处理

一、土壤的消毒以及地下病虫害的防治

土壤连作不仅降低种子的出苗率，而且易发生土传病害，苗木立枯病的发病率随连作年限增长而明显增加。一般而言，在同一块繁殖地上，同一种果树连续育苗不宜超过 2 茬。

为了更好地消灭立枯病、根瘤病等，在苗圃整地前需用药物进行处理。石灰氮是一种高效的土壤消毒剂，石灰氮分解的中间产物氰胺和双氰胺具有消毒、灭虫、防病的作用，特别是对防治线虫效果较好，具有无残留、不污染环境等优点。土壤翻晒也有一定的效果。

二、种子的消毒处理

在砧木种子播种前进行种子消毒，可极大降低土壤病虫害对种子的危害，同时也可提高种子出苗率。主要包括 3 种方式：第 1 种是用 55℃的温水浸泡 20min；第 2 种是在常温条件下用硫酸铜 100 倍液浸泡种子 20min，也可以使用高锰酸钾 1 000 倍液浸泡种子 15min；第 3 种是用多菌灵可湿性粉剂进行拌种。

三、层积

种子休眠是植物在长期系统发育过程中形成的抵抗不良环境条件的适应性，休眠的部分原因是内果皮的存在，它阻止水分渗透，导致种子不能进行胚胎发育，还有部分原因是脱落酸等抑制物质的存在，脱落酸被认为是阻止种子萌发、诱导休眠的重要因素。打破休眠可以通过在沙子或其他保持潮湿和透气良好的材料中分层埋放种子来实现。一般在 3～5℃的温度下保持 10～12 周的春化，也可以根据砧木的特定要求改变温度和持续时间。不同品种要求的层积时间不同，在 5℃条件下山桃一般需 60～70d、新疆桃需 70～80d、

毛桃需 90～100d、甘肃桃需 100～120d，甘肃省农业科学院林果花卉研究所初选的白花山桃 BS-1 仅需 35d 即可。低温层积持续时间过长可能导致部分种子进入次级休眠。秋播的种子可以在田间完成休眠，效果等同于自然层积，但在低温不足的地区会出现萌芽不整齐的现象。

层积的操作方法：播种或沙藏前，把种子倒在干净的清水中搅动，捞取漂在水面上的干瘪种子和杂质。换水后浸泡 24～72h，让种子充分吸水，每天换一次水，检查是否浸透，可以敲开种核检查，以种皮湿润为度。种子捞出后用 K84 抗根癌菌剂 5 倍液浸泡 5min，晾干后直接播种或沙藏层积。

北方室外层积时选择地势高燥、排水良好的地方，挖坑进行层积处理。坑的大小因种子量而异，以种子处在冻层以下为好，层积的温度以 2～7℃为宜，将浸好的种子与干净河沙按 1∶5 的比例混拌均匀，河沙含水量为 60%左右，混拌好以后填入坑中，或者先在坑底平铺 20cm 湿沙，再往上平铺 10cm 厚种子，然后再铺10cm 湿沙，依次铺到距地面 20cm 时，用湿沙将坑填满，使其略高于地面，防止雨水漏入。坑中央要有通气孔，种子数量不多时可用秸秆作通气孔，种子数量多时可设置专用的通气孔。

在冬季不太冷的地区也可采取地面层积的方法，层积时先平整地面，先铺一层湿沙，将种子与湿沙按 1∶5 的比例混匀，堆放在湿沙上面，厚度 30～50cm，或一层种子一层湿沙依次堆放也可以。上盖一层干沙，表面再封盖 10～20cm 厚的湿土，中间插秸秆，以利通风透气。

层积期间注意检查沙的含水量。在土壤解冻后，每隔 5d 取芽 1 次。用筛子筛掉沙子，拣出已裂开的种核，用湿布盖好待播。没有裂开的种核回填在沟中或堆放在地面，用湿麻袋盖上，等待发芽。

对发芽率低的砧木种子，如甘肃桃种子，可以先把种核砸开(勿砸破种胚)，取出种仁，浸泡消毒后保湿放入 0～3℃的冷库中。

其他方法也可用于打破休眠，例如去皮或用激素处理种子。去皮的目的是使内果皮开裂，使水分和氧气能够渗透进去，但不会破坏种子。对于激素处理，赤霉素（GA_s）可用于克服生理休眠并刺激胚胎休眠的种子萌发。

第三节 播 种

播种量的确定：用作桃树砧木的毛桃、山桃、甘肃桃，种子较大，一般情况下毛桃播种量为每亩 50～60kg，山桃为每亩 40～50kg。为了确保出苗量，可适当加大播种量，最终亩育苗量控制在 7 000～8 000 株。

整地：播种前先整地，翻耕深度为 30～40cm。每亩施腐熟的有机肥 2 000kg、过磷酸钙 20kg、尿素 50kg。有蝼蛄、蛴螬等地下害虫危害时，可以用麦麸 2kg 拌辛硫磷乳油 0.5kg 撒入。翻耕后整平作畦。

播种时间：秋播一般在立冬后至小雪前进行，可采用播种机播种。春播在春分前后进行，气温回升，随时检查层积种子，当层积种子有 30%种核开裂、胚根刚刚萌动时，最适宜播种。开沟播种，深 6～8cm，播种后及时覆土轻压，以利出苗。

播种密度：人工起苗时采用畦播，畦宽 80cm，畦间距 40cm，每畦 4 行，株距 18～20cm，便于灌水和嫁接。采用起苗机起苗时一般采用单行播种方式，行间距 50cm，株距 15～20cm，为了保证出圃苗木的质量，播种间距不宜过小。

第四章 • • •
无性系砧木苗繁育技术

第一节 扦　　插

一、扦插介绍

桃原产于中国，其栽培历史悠久，目前桃产业发展中还存在果园整齐度差、桃果实品质不一等问题，究其原因，是苗木质量引起的。我国长期使用实生砧木，实生砧木嫁接育苗虽然价格低廉，但后代易发生变异、性状分离，形成的新群体在遗传上具有不稳定性，苗木整齐度差，秋季直接播种时种子萌发率低，不能满足生产中对解决耐涝、抗重茬、耐旱、抗线虫等问题的需要。使用自根砧木是解决这一瓶颈问题的重要措施。自根砧木就是利用具有某些优良特性，在生产中表现特别优良的乔化砧或矮化砧，通过组织培养、扦插、压条等无性繁殖方法培育的砧木。自根砧木嫁接后树体一致性强，果实商品性高。但因桃属扦插难生根树种之一，使得砧木无性繁殖技术发展受到限制，减缓了我国优良桃砧木推广应用的进程。

桃优良砧木选育是桃产业发展的趋势和方向，也是现代桃产业发展的重要标志。但因桃扦插难以生根，使得砧木无性繁育技术发展受到限制。扦插繁殖是利用植物营养器官的再生能力发生新根或新芽而长成一个独立的植株。桃属于无性繁殖难生根树种，桃砧木更是极难生根，不加激素诱导的情况下几乎不可能生根。桃扦插后发出的不定根属茎源根系，无主根，不定根的形成受诸多因素的影响，其中根原基的形成是发根的前提，而桃作为难生根树种，从根原基发生、分化、发育到生根成活，过程长且复杂。有研究发现，插穗生根处理前，内部均未发现潜伏根原基，生根处理后，插穗基部产生不定根原基。也有学者发现经处理插穗内不定根原基在皮层、韧皮部、木质部中均可形成。有学者研究认为，桃砧木的不定根原基为诱导型根原基，且属于多位点发生。桃砧木插穗生根类型以愈伤组织生根居多（难生根类型），皮部生根或混合型生根存在（易生根型），但很少。大多数果树是在扦插过程中，在外部刺激下茎内部部分细胞恢复分裂能力，进行细胞反分化形成根原基，产生不定根，为诱导根原基类型。

插穗伤口和根系诱导有直接的关系。伤口使插穗暴露更多的形成层，能更有效地吸收所应用的生长调节剂，形成层的细胞响应生长调节剂处理而分裂，产生形成层愈伤组织。植物对伤口的反应极其复杂，还涉及乙烯（C_2H_4）生物合成诱导、生长素诱导和细胞形态变化。乙烯生物合成诱导是创伤的早期生理反应之一，可诱导愈伤组织和芽、根的形成，如添加气态乙烯增强了菊花插穗的生根能力，乙烯促进了毛白杨节段的生根。也有报道称，低浓度和短时间的乙烯处理可增强木本植物的生根能力。

然而，必须提到的是，乙烯效应的持续时间很短，在较高浓度的生长调节剂下长时间暴露会抑制生根。插穗可以诱导低浓度乙烯的生物合成，从而增强根系诱导。插穗伤口形成后，内源激素水平发生变化，愈伤组织形成和器官发生开始。伤口会促进内源激素向受伤组织转移，从而使受伤部分具有更适合根诱导的生长调节剂水平。受伤诱导的主要激素之一是生长素，生长素是根形成的基础。有人提出，创伤会引发化学信号，诱导受伤细胞的代谢变化。因此，插穗基部受伤的细胞增强了插穗对生长素和其他生根必需化合物的接受能力。破坏细胞隔室，如液泡、囊泡、过氧化物酶体和质体，产生称为受伤相关化合物的产物，当生长素以低浓度施用时，这些化合物可增强生根。最后，值得一提的是，除了生长素外，创伤还会诱导其他生长调节剂产生，如油菜素类固醇（芸薹素内酯，可能在与生根有关的细胞分裂中发挥作用）和水杨酸盐（可能与生长素一起促进生根）。

关于创伤后发生的解剖变化，根来自现有维管组织之间或与之相邻的薄壁细胞。因此，生长调节剂如吲哚丁酸（IBA）可扩散到邻近细胞，促进新的维管分化和生根。作为植物对创伤和根再生反应的一部分，由于创伤而死亡的细胞旁边的细胞在几天内开始分裂，一层薄壁细胞形成愈伤组织。随后，因为薄壁细胞是全能的，可以分化成任何其他细胞类型，靠近维管形成层和韧皮部的愈伤组织细胞分裂并形成不定根，当愈伤组织细胞通过去分化而分生组织时，不定根的诱导开始，根原基发育。

IBA 是繁殖中应用最广泛的生长素，萘乙酸（NAA）或这 2 种激素的混合物已经获得了良好的结果。IBA 可以以粉末形式施用，但效果较差；也可以以溶液（1 000～3 000mg/L）形式施用，需要浸泡插穗几秒钟。这种溶液通常制备为水-醇溶液。然而，优选水溶性 IBA 钾盐（K-IBA），使用酒精会导致组织脱水，使基部伤口容易受到真菌和细菌的攻击。

二、硬枝扦插研究进展

桃硬枝扦插繁殖成功与否主要取决于不定根的形成，而不定根的形成受环境因子（光、温度、湿度、基质）以及外源激素、插穗生理生化特性、扦插时间等诸多因素及其相互关系的影响，桃的硬枝扦插技术还不够完善，探索生根机理对于理解不定根形成以及调控扦插环境具有重要意义。

桃扦插繁殖技术在发达国家被广泛利用，是解决桃产业发展中存在问题的主要手段。目前毛桃、山桃和青州蜜桃等的种子相对充足，相对于无性砧木繁殖方法来讲，价格低廉是其主要优势，但因实生砧木属有性繁殖，有性繁殖易使后代发生变异和性状分离，繁育的苗木整齐度较差，易引起植株生长不整齐等问题，还存在秋季直接在苗圃中播种时种子萌发率低的问题，同时，不能满足生产中对解决耐涝、抗重茬、耐旱、抗线虫等问题的需要。组培育苗成本较高，繁育技术复杂。因此，优良砧木品种的无性繁殖都先从枝条扦插繁殖入手。扦插繁殖可以克服后代分离的缺点，繁殖系数高，费用低，获得苗木的品质具有一致性，即扦插繁殖产生的植株具有与亲本相同的特性，保持了理想的性状，有利于保持种苗的一致性、标准化。桃属于扦插繁殖难生根树种，扦插过程中存在生根率低、难成活等问题，很大程度上制约了桃资源的保育与应用。由于桃硬枝扦插过程中从根原基发生、分化、发育到生根成活，过程漫长且复杂，因此，明确扦插根原基形成机理，从而形成扦插技术规程，对桃硬枝扦插技术的运用推广有很重要的意义。

扦插繁殖技术对果树产业发展具有很大的推动力，目前，科学家们对难生根的树种进行了大量扦插尝试，已取得很大进展。桃硬枝扦插不定根形成是一个比较繁复的生理过程，受多种因素综合影响。如桃插穗扦插后内源生长素吲哚乙酸（IAA）活性需要植物生长调节物质刺激后才能激发，珍珠岩等疏松透气型基质有助于不定根产生，适宜的温度和湿度有利于根原基形成。目前研究桃硬枝扦插生根率和存活率的文章不少，但此项技术应用到大规模生产中的报道并不多。

（一）环境因素对桃硬枝扦插不定根形成的影响

扦插环境是影响扦插成活率的重要因素，适宜的环境有利于根原基形成，因此为促进插穗产生不定根，在硬枝扦插过程中必须控制好环境条件。

1. 光照 桃硬枝扦插过程中需要光照，光照是影响不定根产生的因素之一。插穗发芽后光照可提高温度，同时也能防止病菌的产生。插穗发芽后需要一定的光照供叶片制造养分，叶片将合成IAA，通过极性运输向下运至插穗基部，直接促进生根，并且叶片通过光合作用合成较多的光合同化产物，为愈伤组织和根系的形成提供物质基础。插穗不能在烈日下暴晒，空气相对湿度降低会造成枝叶凋萎，因此应在扦插床上遮阳，使一部分直射光透过，协调插穗水分的吸收与蒸腾、干物质积累与消耗之间的平衡，有利于不定根形成。

2. 温度　温度对扦插生根影响很大，温度包括基质温度和环境温度，扦插过程中温度要控制在适宜范围内。环境温度控制在插穗易发芽的范围内，提高插穗光合能力。适宜的基质温度有助于插穗营养物质的运输、合成与分解，对愈伤组织的产生和根的分化有利。环境和基质温度控制越好，生根率越高。桃硬枝扦插到生根期间，通常要求将环境温度和基质温度控制在相近的程度，同时昼夜间维持一定的温差，对刺激插穗生根有利。

为促进扦插生根，以获得较高的繁殖率，通常采用各种措施提高基质温度，如苗床上加地热线，或在苗床下面安装恒温加热器等为插穗提供适宜的生根温度，但这些加热方式存在局限性，如对恒温的保持和加热时间的控制。也有学者采取在扦插基质表面覆膜等措施达到保温效果，以提高生根率。但有研究发现覆盖黑色薄膜、透明薄膜或是稻草，均不影响插穗生根率和成活率。在本研究团队的试验中，在苗床上铺上土工布，在土工布上铺上地热线后安装控温器，将桃砧木 GF 677 硬枝插穗基部插到距地热线 2cm 处，扦插温度控制在 22℃（对照为未铺地热线），50d 后调查发现，铺地热线控温的插穗生根率较对照高。大部分研究认为适宜桃硬枝扦插生根的插床（基质）温度为 22～25℃，范围甚至可以扩大到 12～29℃，在该温度范围内桃砧木 GF 677 扦插生根率达 81%，而本研究团队试验发现桃砧木 GF 677 扦插基质温度 22℃为最佳生根温度。

同样品种扦插温度不同，则生根率不同。基质温度 25℃比 15℃插穗生根率提高 68.9%。本研究团队研究了相同处理条件下，不同温度对桃砧木 GF 677 扦插生根的影响，发现基质温度 22℃比 18℃插穗生根率提高 63.1%，插床温度 22℃比 15℃插穗生根率提高 68.9%，22℃较 24℃处理生根率略高，当基质温度超过 26℃反而影响插穗生根率。可见，桃砧木 GF 677 硬枝扦插的适宜温度范围为 22～24℃。

3. 水分含量　适宜水分含量有利于扦插生根，过多或过少都会影响插穗存活和正常生根，基质含水量、空气相对湿度和插穗自身含水量之间相辅相成、相互调控。基质含水量对插穗生根成活起关键性作用，是调控插穗水分平衡的必要条件。

空气相对湿度大将减少插穗和基质水分的消耗。大多数研究认为，桃硬枝扦插的空气相对湿度保持在80%～90%有利于生根，但也有研究认为桃硬枝扦插空气相对湿度为90%～100%是较适宜的。扦插后基质含水量最好稳定在田间最大持水量的50%～60%，基质相对含水量为60%左右。本研究团队在桃砧木GF 677扦插试验过程中，为了保持基质适宜含水量，使用水分控制仪进行调控，基质含水量前15d控制在85%左右，之后为70%左右，则有利于生根。

插穗本身所含的水分对扦插成活也有决定性作用，因此，采集插穗时应当尽量随剪就插，如插穗数量很多则需要保存，避免失水过多影响插穗的生理生化活动，进而影响扦插成活率。扦插前贮存过一段时间的插穗宜浸泡1～2h，以补充水分，维持插穗活力。浸泡时间长短根据贮存时间来定，浸泡时间不宜过长，一般以不超过6h为宜。

4. 基质 基质为插穗提供微环境，其不同类型对插穗的生根有不同影响。通常情况下通气好、排水好、无病菌感染的基质被认为是理想的扦插基质，如河沙、蛭石、珍珠岩、草炭等，基质反复利用会引起插穗霉烂。扦插基质的选择应根据不同树种和品种，合理的单一基质或配方基质有利于不定根形成。不同桃品种扦插在同一基质中的生根率不同，同一桃品种扦插在不同基质中的生根率也不同。由于珍珠岩排水和透气性好，传热速度快，有利于不定根产生，因此桃硬枝扦插生根基质为珍珠岩（表4-1）。

表4-1 基质对扦插生根的影响

品种	基质种类	比例（V∶V）	生根率（%）
桃砧木品系991091	蛭石	纯	73.33
大久保	蛭石	纯	93.00

（续）

品种	基质种类	比例（V∶V）	生根率（%）
桃砧木 GF 677	珍珠岩	纯	90.30
桃 4 月红	河沙	纯	66.67
桃砧木筑波 6 号	河沙	纯	87.00
桃砧木品系 991091	河沙∶蛭石	1∶1	76.67
陇蜜 9 号	河沙∶蛭石∶珍珠岩	1∶1∶1	63.80
桃 4 月红	河沙∶苔藓	1∶1	93.30

5. 外源激素种类和浓度 外源激素用于植物繁殖，加速生根，提高生根数量和质量。通常对扦插生根具有促进作用的外源激素主要有 IBA、NAA、IAA、6-苄氨基腺嘌呤（6-BA）等。

桃扦插试验中很少用 NAA、IAA、6-BA 作为外源激素单独使用，NAA 和 6-BA 组合使用效果显著，多用于花卉扦插中，芸薹素作为外源激素通常用喷施的方法促进壮根增产，扦插中通常与 IBA 组合使用，单一使用效果不佳。

IBA 为桃扦插中常用的植物生长调节物质。NAA 和 IBA 按比例混合使用较单独使用时效果要好。外源激素的使用可以增加植株细胞壁的透性，激发插穗营养物质在根形成区积累，促进淀粉水解形成可溶性糖，提高根形成区可溶性糖水平，同时引起插穗内源激素 IAA 含量的变化。适宜浓度的外源激素有助于促进碳水化合物向插穗基部的运输和代谢。

外源和内源激素之间相互呼应、相互调控，共同促进不定根的产生。插穗速蘸 IBA，插穗内 IAA 的活性得到刺激，明显提高，脱落酸（ABA）的含量相应降低，生根的辅佐物质提前发挥活性。研究发现，桃硬枝扦插前经外源激素 IBA 处理，从不定根根原基形成到生根，内源 IAA 含量呈“先降后升”的趋势，在整个过程中 ABA 含量呈下降趋势。

由表 4-2 可知，不同品种桃插穗蘸根时间不同，不同品种适合使用的 IBA 浓度不同，通常为 25～3 000mg/L，激素浓度越低浸蘸时间越长，高浓度则需秒蘸。适宜激素组合同样能促进不定根的形成。

表 4-2 不同外源激素对桃硬枝扦插生根的影响

品种	激素种类	激素浓度（mg/L）	蘸根时间	生根率（%）
普通桃	IBA	200	5～10s	>75
实生桃	IBA	150	10～15s	86.70
桃砧木 GF 677	IBA	1 500	5s	67.80
桃砧木 GF 655	IBA	2 500	速蘸	86.10
桃砧木品系 9910918	IBA	2 500	速蘸	73.33
Prof. Black	IBA	2 000～3 000	5～10s	近 100
实生桃	IBA	25	4h	96.90
朝晖	IBA	1 500	10s	>80
早艳	NAA	750	1s	54.00
桃砧木 GF 677	ABT	50	2～8h	83.00

（二）插穗内因对桃硬枝扦插不定根形成的影响

1. 插穗基因、品种、母体部位、采穗及扦插时期 扦插环境条件相同，树种、品种不同，插穗的生根能力差异很大。Ever 和 smittle 指出桃品种间生根率差异可达 90%。对此，有学者进行以普通桃为主的多品种基因杂交后代扦插验证，生根率均为 7%～100%。也有学者连续 4 年做了 220 个桃品种的扦插试验，平均成活率为 22%，只有部分桃的成活率达到 50%以上。在对 4 个桃砧木进行扦插试验时发现，筑波 6 号生根率最高，达 70%，GF 677 为 62%，GF 43 为 50%。相同条件下不同品种生根率不同是遗传基因造成的。

插穗的采集时间对生根有重要影响。国外研究表明每月取一次插穗，对 P. S. B 2 和 GF 677 2 个品种硬枝的扦插条件进行试验，不用激素处理，10 月落叶 80%时扦插生根率可以达到 70%，而在其他几个月的时间生根率最高为28%，不同采集时间对IBA处理的反应也不同，在插穗花芽尚未解除休眠但即将膨大的时期，用IBA处理插穗生根率最高，可达85%～95%。本研究团队以GF 677为试验材料，在西北地区进行试验发现，落叶前采穗扦插生根率为10%。落叶50%时采穗扦插生根率达22.7%，12月中旬采穗扦插生根率则为36.8%，翌年1月中旬采穗扦插生根率则为53.6%，2月初采穗扦插生根率为66.8%，说明GF 677适宜的采穗时间为12中旬以后，或将插穗采下冷藏30d后再扦插，有利于不定根形成。

在相同品种的不同部位采穗，生根率也不尽相同，对GF 677进行不同部位扦插生根试验，结果表明GF 677插穗生根率与采穗部位有很大关联性，枝条基段作为插穗生根率不及基段次上段，基段次上段生根率可达80%以上，枝梢生根率最低，仅为19.3%左右。

2. 插穗营养物质 通常情况下，营养状况是影响插穗根原基形成的基本条件之一，插穗根原基分化、形成以及延长，整个过程需要消耗大量的营养物质。可溶性糖含量、总氮含量、可溶性蛋白质含量等在整个过程中都发生变化，或被代谢消耗，或被组织器官积累为下一时期细胞分裂和分化提供物质储备。

有研究认为插穗存活所需养分主要由自身碳水化合物和氮素化合物提供。对3个不同品种的桃树硬枝扦插时发现，在生根过程中插穗体内淀粉含量最低的品种，生根率反而最高，说明参与插穗不定根形成的是碳水化合物而不是淀粉。研究者发现，插穗的营养物质水平影响其不定根的形成、数量和质量，插穗的碳氮比与插穗生根和芽的生长有很大关系，碳氮比与生根率成正相关。也有研究发现同一插穗不同部位的营养物质含量差异不大，其中，插穗基部碳水化合物的含量与不定根形成的关系不显著，而与不定根延长的关系更为密切。当插穗内激素、碳水化合物、氮素化合物协同效应达到一定程度时，才有利于插穗不定根形成、延长。

插穗从扦插到生根，插穗体内的营养物质发生着一系列的转化、积累、分解和消耗。大量学者针对插穗中的氮、磷、钾、钙、硼和铁元素含量在生根、发芽过程中的变化进行分析发现，插穗从一开始扦插到不定根形成以及延长，自身养分要消耗掉一半以上，同时发现插穗中氮和钾的含量与生根率为显著线性关系。不同树种其插穗生根对无机养分种类和含量的要求是有差别的。也有学者发现插穗生根率与其基部的硼、钾的含量呈正相关，与锰的含量呈负相关，从开始扦插到生根的过程中，钙的含量为先降后升，对 12 个不同熟期的水蜜桃进行硬枝扦插，发现插穗中氮和铁元素的含量与生根率成正相关。

3. 插穗内源激素水平及酶活性

（1）内源激素生长素（IAA）、脱落酸（ABA）、赤霉素（GA_s）含量的变化。许多木本植物插穗难生根，这与插穗中内源激素水平有关。在扦插过程中通常研究的内源激素是 IAA、ABA、GA_s，其浓度是调控不定根生成的重要因素，其重要作用是调节插穗内部养分的分配，使插穗内养分向根原基集中，同时能够促进酶活性的加强和酶的产生。

插穗内源激素 IAA 诱导插穗组织内形成淀粉水解酶，提高磷酸激酶的活性，从而推动呼吸链的快速运转，使插穗下切口附近变成吸收营养物质的中心，有利于不定根形成。在不定根形成的 4 个重要阶段中，脱分化、根原基出现需要较高水平的 IAA，根原基的形成和根的生长分化 2 个阶段则需较低水平的 IAA。IAA 抑制不利生根基因的表达，促进 RNA 的合成，影响再生辅酶和蛋白质合成的数量和质量，进而影响根原基的发生和发育，随着可溶性有机养分集中，多种酶的活性随之增强，下切口形成愈伤组织。

内源 ABA 具有抑制插穗生根的能力，若整个扦插生根期间 ABA 含量持续下降到平稳状态，则有利于插穗内的淀粉水解，同时也有利于根原基的形成，从而促进插穗生根。但是当插穗内 ABA 含量下降到一定水平后，若再继续下降，反而降低生根率。有学者通过解剖学观察和对内源激素的测定发现，插穗在生根诱导过程中 ABA 含量出现了高峰，而且峰值越高则生根率越高。在扦插生根过程中内源激素促进水解酶和养分的动态变化是反映插穗生根能力的重要指标。

总之，插穗生根主要靠内源激素 IAA 和 ABA 的共同作用。IAA 与 ABA 含量的比值越大越有利于生根，反之则越不利于生根。

(2) 氧化酶活性。在插穗扦插后的生长、发育、根形成以及其他新陈代谢过程中，酶类都发挥着重要的作用。尤其是吲哚乙酸氧化酶（Indole Acetic Acid Oxidase，IAAO)、多酚氧化酶（Polyphenol Oxidase，PPO）和过氧化物酶（Peroxidase，POD)。硬枝扦插生根是一个在短时间内新陈代谢变化较为剧烈的过程，又由于插穗基部本身存在切口，植物体内保护性酶的活力不够将直接影响插穗的生根能力。以上 3 种保护酶被多数研究证实与扦插后不定根生长和发育密切相关。

IAAO 是植物体内普遍存在的一种酶，具有降解 IAA 的作用，可以调节植物体内 IAA 的含量。由于 IAA 对植物各器官的生长发育起关键作用，所以在插穗形成不定根的过程中，IAAO 的活性影响着根原始体的启动和不定根的形成和生长。硬枝扦插过程中对 IAAO 活性变化的研究表明，导致插穗生根困难的重要原因之一是 IAAO 活性一直处于较高的水平，而容易生根的插穗内 IAAO 活性则较低。插穗内 IAAO 活性较高时，降解了插穗内的 IAA，IAA 含量减少不利于不定根形成和生长。因此，在扦插试验之前有必要先测定插穗内 IAAO 活性，为插穗能否很好生根做预判。

PPO 是一种含铜的、活性比较高的水解酶，能够催化酚类物质与 IAA 缩合形成 IAA-酚酸复合物，这种复合物是一种生根辅助因子，与不定根的形成和伸长密切相关。有学者研究发现 PPO 主要集中在根原基形成的部位，在不定根形成早期，PPO 活性较高，而不定根形成后期 PPO 活性则表现出持续的下降趋势，说明 PPO 对根原基的形成起着重要的作用，能够影响细胞分裂分化和根原基的形成生长。

POD是一类含铁叶琳辅基的酶，普遍存在于植物体内，参与植物体内多种生理活动和木质素的形成，对不定根的形成有重要作用。有研究发现在扦插过程中插穗内的POD活性呈现先升高再降低，然后再升高的趋势。有部分研究发现，插穗在生根初始期POD活性比平常高2～20倍，而在生根后POD活性则降低或回到初始水平。

（三）其他

1. 炼苗移栽 插穗扦插后20d左右是其愈伤组织和不定根形成关键期，但根系发育完全则需要40d。生根质量一般以根长和根数作为指标。扦插形成的不定根往往是长根、短根并存，当根数达到5～7条时，至少有一条根超过3cm，当不定根长到5～10cm时，往往发出2～3条侧根。通常，根越长，根的数量就越多，发生的侧根也越多。扦插成活苗，移栽前要注意炼苗，移栽前1周关闭苗床加温设备，使基质温度降低。炼苗能使根组织分化程度更高、稳定性更强，即减少移植损伤的风险，并更快地恢复从移栽基质（土壤：珍珠岩：草炭＝0.5：0.5：1）中吸收水分和养分的能力，移栽后浇透水，7d内用6针遮阳网遮阳保湿，保持成活率。

2. 移栽苗处理 移栽后的扦插苗为了保证成活率，对插穗上没有发芽的芽苞可以用1 000mg/L GA_3 喷洒，前2d每天喷1次，之后每3d喷1次，共喷洒4～5次即可。

3. 小结与展望 目前关于影响桃硬枝扦插生根的研究很多，这些研究主要集中在扦插条件（温度、湿度、光照、插穗采集部位及扦插时间、外源激素等）上，对桃扦插生根过程中激素水平、酶活性以及营养物质等的动态变化及相互间消长作用缺少掌握，尤其在插穗解剖学和根原基的发生形成方面缺乏系统研究。在前人研究成果并利用先进科学技术的基础上，通过对桃硬枝扦插生根过程中扦插环境、内外源激素水平、酶活性以及营养物质变化进行全面分析总结，明确了插穗生根过程中根原基的发生机理及影响因素，为桃扦插繁殖技术提供理论支持。

三、绿枝扦插技术研究进展

绿枝扦插是桃无性繁殖的一种方式，目前扦插过程中需要解决的关键技术难题是不定根的形成和成活。不定根形成是个复杂的过程，受诸多因素影响，如插穗自身条件（品种、基因、内源激素、酶活力、营养物质以及木质化程度等）、环境条件（温度、湿度、光照等）以及外源生长素（种类、浓度）等都会影响绿枝生根能力，这些内外条件之间不是独立存在的，而是相互影响的。因此，明确桃绿枝扦插生根机理对于促进不定根形成具有重要指导意义。

在欧洲，由于组织培养和扦插等无性繁殖方法取得了一定进展，所以用无性系砧木代替桃实生砧木的趋势不断上升。组培育苗成本较高，繁育技术复杂。因此，优良砧木品种的无性繁殖都先从枝条扦插入手。扦插繁殖产生的植株具有与亲本相同的特性，因此保持了理想的性状。但桃属于无性扦插繁殖难生根树种，扦插过程中存在生根率低的问题，且桃绿枝扦插生根过程中受诸多因素调控。因此，明确桃扦插生根机理、影响生根的因素及各因素相互间的协同关系，从而制订出一系列提高扦插成活率的措施，对桃扦插技术的应用推广意义重大。

目前国内外有关将研究桃绿枝扦插文章中的技术应用到大规模生产中的报道不多，主要原因是桃扦插繁殖技术易受各种因素的影响，如相同基因不同扦插时期的插穗生根能力差异很大。不定根形成是一个复杂的过程，受植物遗传因子、插穗生理年龄、插穗木质化程度、扦插季节、生根环境、扦插基质以及外源激素等综合因素影响。近年来，部分学者研究了不同基质对桃绿枝扦插生根的影响，发现适宜基质有利于生根，适宜浓度生根粉和激素同样可以促进桃绿枝扦插不定根的形成与伸长。

（一）环境因子对桃绿枝扦插生根的影响

1. 温度　扦插温度包括环境温度和基质温度，桃绿枝扦插过程中对这 2 种温度都有一定的要求，都要控制在扦插生根所需要的范围内。扦插温度直接影响插穗不定根的形成，过高、过低都对插穗生根不利。适宜的基质温度有利于插穗愈伤组织的形成和不定根的发生。在一定温度范围内，随温度的上升，插穗生根活性增强，生根速率加快，生根率提高。研究表明，桃绿枝扦插生根适宜的环境温度为白天 25～30℃，夜间 16～21℃，扦插时变温较恒温更有利于不定根形成及伸长，绿枝扦插空气相对湿度一般为 90%～97%。本研究团队试验发现，砧木 GF 677 绿枝扦插空气相对湿度为 87%～95%有利于生根，与前人研究结果相似。桃绿枝扦插时，将插穗水分的吸收与蒸腾、干物质积累与消耗之间的矛盾有效地解决，则更有利于桃绿枝扦插技术的推广。

2. 基质 扦插基质的选择应根据不同树种和品种，不仅有单一基质还有配方基质，理想的扦插基质应具备通气好、排水好及无病菌感染等特点。一般不同品种有其适宜的扦插基质，相同品种扦插在不同基质上，生根率也不相同。如表 4-3 所示，对于难生根的桃树来说，选择通气疏松的基质有利于不定根的形成，珍珠岩、河沙和蛭石是桃绿枝扦插常用基质，单独使用生根率为 68%～97%，利用珍珠岩、河沙、草炭、蛭石等按比例配置混合基质，生根率为 70%～92%。桃绿枝扦插过程中根据品种寻找有利生根的扦插基质很有必要。目前本研究团队试验发现，桃砧木 GF 677 适宜的绿枝扦插基质为珍珠岩。

表 4-3 基质对桃绿枝扦插生根的影响

品种	基质种类	比例（$V:V$）	生根率（%）
83-49	珍珠岩	纯	97
筑波 5 号	珍珠岩	纯	93.3
GF 677	珍珠岩	纯	90.3
新疆桃	河沙	纯	68

（续）

品种	基质种类	比例（V∶V）	生根率（%）
Nemared Flordaguard Okinawa	沙∶蛭石	1∶1	76
朝晖等10个优良品种	草炭∶珍珠岩∶蛭石	2∶1∶1	>70
普通桃	草炭∶珍珠岩	1∶1	92

3. 外源激素 外源激素与插穗不定根发生之间关系密切。插穗内源激素的平衡是通过外源激素调节来实现的，尤其对IAA的调控，直接影响不定根的形成。IAA含量在扦插生根过程中呈动态变化，适宜浓度的外源激素能提高内源IAA水平，从而调节插穗内源激素的平衡，促进不定根产生。

在桃绿枝扦插过程中，最常使用IBA作为外源激素，也有用NAA作为外源激素的，单一浓度IBA的生根效果要好于NAA，因为IBA被插穗基部吸收后较稳定，不易转移，具有长效性，对插穗顶芽生长抑制作用较小，在两者组合使用时，IBA所占比例要大于NAA。有研究认为，IBA 25～1 000mg/L和NAA 500～1 500mg/L是桃绿枝扦插速蘸较常用的浓度范围。桃绿枝扦插生根还受插穗本身生长状态等因素的影响。

目前对桃绿枝扦插外源激素的研究大多停留在单一激素浓度，并且确定了一些适宜激素和相应的使用范围。本研究团队试验发现，适宜桃砧木GF 677绿枝扦插生根的激素为IBA，浓度为300mg/L。为了明确激素组合浓度对桃绿枝扦插生根的影响，本研究团队利用桃砧木GF 677进行试验，结果表明160mg/L IBA＋40mg/L NAA对桃绿枝扦插生根有促进作用，并且组合激素处理生根率优于单一激素处理。外源激素对桃绿枝扦插生根的影响如表4-4所示。

表 4-4 外源激素对桃绿枝扦插生根的影响

品种	激素种类	激素浓度（mg/L）	浸根时间	生根率（%）
朝晖等 10 个优良品种	IBA	1 500	5s	>70.0
Krymsk 86 Lovell	IBA	3 000	5～10s	100.0 94.4
金童 8 号等 23 个桃品种	IBA	150～3 000	5～7s	98.9
实生野桃	IBA	25	60min	80.0
普通桃	IBA	1 000～5 000	5～10s	80.0
新疆桃	IBA	1 500	6s	86.7
Prof. Black 和 Mayflower	IBA	3 500	10～15s	100.0 和 55.0
GF 677	IBA	300	10～15s	83.3
普通桃	NAA	500～1 500	5～10s	65.0
新疆桃	NAA	1 000	6s	66.7
北农早艳	NAA	750～1 500	5～7s	38.5
野生桃	NAA	12.5	60min	69.0
GF 677	IBA+NAA	160+40	10～15s	87.0

（二）内部因子对桃绿枝扦插生根的影响

1. 桃插穗基因、品种、采集部位、扦插时期 诱导嫩茎形成不定根是桃绿枝扦插成功的关键。桃树属扦插难生根树种，品种不同，其生根能力也不同，极少数品种扦插较易生根，但多数品种扦插难以生根。利用 23 个桃品种进行绿枝扦插试验，发现生根率为 0%～98.8%，平均生根率为 39.6%。有研究发现，桃枝条生长不定根的能力因品种而异，外源生长素的成功诱导可能部分取决于内源激素水平。目前对桃绿枝扦插生根的研究着重集中在生理学上，在分子水平上对桃扦插生根机理的研究很少。研究者还发现与生根有关的基因对根的伸长有利有弊，如 *AUX*1、*NAC*1、*ROLA*、*ROLB* 及 *ROLC* 等基因的过量表达对侧根发育有促进作用，但 *SINAT5* 基因过量表达却抑制侧根的产生。

桃绿枝扦插时间对生根很重要，北方地区绿枝扦插一般是在夏季采集插穗，根据南北气候差异，南方绿枝扦插大多在 10 月之前采集插穗，研究发现，不同时期扦插，插穗的生根率有显著差异，10 月扦插生根率明显高于 3—9 月。有学者认为桃绿枝扦插最佳时期是 7—8 月，在西北地区，桃绿枝扦插最好的时间为 7 月中旬至 8 月中旬，插穗选取离枝条基部较远、健壮无病叶的嫩梢，直径以不小于 0.5cm 为宜。南方地区绿枝扦插最佳时期可能较北方提前。另外桃绿枝的长短粗细都会影响生根，一般认为长度以 10～15cm 为宜，直径以 0.5～1cm 为宜。可见，品种、采集部位、扦插时期、插穗特征等的变化主要归因于基因所控制的激素水平。

2. 插穗营养物质 插穗扦插后，其本身所含的碳水化合物和氮素化合物是能源来源，是维持生存和生根所不可缺少的物质。桃绿枝扦插后，顶端芽和叶片合成 IAA 和生根素（酚类化合物），其中生根素对 IAA 起增效作用，IAA 和生根素经过生理变化转移到插穗基部刺激生根。同时叶片光合作用形成的碳水化合物与氮素化合物也转运到插穗基部，为根系分化提供营养物质，参与各种生理活动。

扦插生根需要能量，插穗中主要的贮藏物质是淀粉，插穗生根部位的碳水化合物含量在生根过程中发生急剧变化。有研究表明，插穗内可溶性糖含量高，其生根率也高，反之则低，绿枝扦插生根部位的淀粉在根原基形成和分化期迅速降解，维持可溶性糖的水平。绿枝扦插生根过程中可溶性糖含量呈先上升后下降的趋势，即可溶性糖含量在愈伤组织形成期迅速下降，在不定根形成期增加并达到最高水平，在新根生长阶段又逐渐减少，而全氮含量在整个扦插生根过程中一直下降。插穗经生长素处理促进了氮的再次分配，扦插初期不定根生长发育与核酸和蛋白质含量变化关系密切。本研究团队试验发现桃绿枝插穗在根原基形成和分化期，叶片含氮量出现显著上升过程，这时生根部位含氮量则相对稳定。另外，钾能影响光合作用，绿枝带叶扦插生根，钾有助于贮藏物质的活化移动，促进细胞和器官主动吸水，为插穗孕育不定根提供能量物质和结构物质，有利于插穗生根。

3. 插穗内源激素水平及酶类 植物内源激素是指调节植物生长发育的生理活性物质。内源激素在植物体内合成，具有移动性特征，当插穗经过外源激素刺激后，内源激素能够由产生部位向基部移动促进根原基的形成与分化，产生不定根。常见的内源激素主要包括生长素（IAA）、细胞分裂素（CTK）、赤霉素、脱落酸和乙烯5大类。一般认为，生长素、细胞分裂素、赤霉素是促进生长发育的物质，脱落酸是抑制生长发育的物质，乙烯主要促进器官成熟。

在扦插过程中通常研究的内源激素是IAA、ABA、GA_s 3种，其浓度的大小是调控不定根生成的重要因素。插穗内IAA能诱发插穗组织内形成淀粉水解酶，提高磷酸激酶的活性，从而推动呼吸链的快速运转，使插穗下切口附近变成吸收体内营养物质的中心，有利于不定根形成。ABA具有抑制插穗生根的能力，若整个扦插生根期间ABA含量持续下降到平缓状态，则有利于插穗内的淀粉水解为可溶性糖，同时也有利于根原基的形成，从而促进插穗生根。人们对GA_s在不定根形成过程中变化趋势的观点存在分歧。有研究人员在扦插试验中发现，GA_s含量的增加与插穗愈伤组织和不定根的形成成正相关。也有研究人员对甘蔗的内源激素进行测定分析，结果认为GA_3、GA_4与生根率呈负相关。总之，插穗生根主要靠内源IAA和ABA的共同作用。IAA与ABA含量比值越高越有利于生根。

绿枝扦插过程中酶类发挥着重要的作用，尤其是IAAO、PPO和POD 3种酶。这3种酶被多数研究证实与植物扦插后不定根的生长和发育密切相关。在桃绿枝扦插过程中酶类如何调节内源激素IAA含量变化有待进一步研究。

(三) 其他

绿枝扦插成活苗，移栽时要注意炼苗，移栽前 1 周将雾化间隔时间加长，改为白天 60min 雾化 20s，晚间 120min 雾化 20s，移栽前 1d 停止雾化，使新生的叶片适应低湿、强光的环境。之后移栽到事先配好基质（土壤：珍珠岩：草炭＝0.5：0.5：1）的营养钵中，浇透水，叶面适当保湿，对插穗上没有发芽的芽苞可以用 1 000mg/L GA_3 喷洒，以保证成活率。

四、扦插方法

(一) 桃硬枝扦插技术规程

1. 苗床布置 扦插前要布置好苗床，铺好电热线。一般使用珍珠岩作为扦插基质，将其铺在加热线上，铺设厚度约为 10cm。扦插深度也要适当控制，一般以 5～8cm 为宜。

2. 温度控制 利用电热线来控制温度，电热线的规格一般为直径 14mm。苗床间距为 9cm。通过持续加热，苗床的温度可以控制在（22±1)℃。此外，环境温度也需要控制在 15～20℃。

3. 扦插基质的消毒方法 扦插基质在使用前需要进行消毒处理。可以使用多菌灵拌匀基质，然后盖上塑料薄膜消毒 1d。1d 后去掉覆盖物，将基质放在太阳下直晒 3d，这样可以避免有害真菌污染。

4. 插穗采集与消毒处理 在 11 月 20 日左右剪枝，然后在含水量适宜的沙子中冷藏 30d（12 月 20 日左右）后开始扦插。插穗应选取生长健壮、无病虫害的当年生枝条，直径以 0.5～1.0cm 为宜。插穗的粗细和长短应尽量保持一致。在扦插前，将枝条先用多菌灵浸泡 1h 左右进行消毒处理。

5. 蜡封低温贮存 每次蘸蜡时间控制在 1s 以内，使接穗包裹上一层均匀的薄石蜡层。

6. 低温贮存处理 完成蜡封后的接穗需要进行低温贮存，这是为了保持其生活力。将接穗放置在 4℃的冷库中保存，这样的低温环境可以有效地减缓接穗的新陈代谢速度，使其保持休眠状态，从而延长其保存时间。一般来说，经过30d的冷藏后，接穗就可以扦插。

7. 插穗的处理 为了使插穗更好地适应新的环境，提高其生根率，扦插前需要进行一些处理。先使用锋利的裁纸刀从插穗的基部开始，去掉大约1cm的韧皮部，然后再沿着这个切口，削成一个45°的斜面。这个处理可以增大插穗基部与基质的接触面积，提高其生根率。

8. 外源激素处理 根据试验结果，桃砧木GF 677最适宜的生根单一激素为IBA（200mg/L），复合激素160mg/L IBA＋40mg/L NAA也有利于生根。使用这些外源激素可以有效地刺激插穗生根，提高其成活率。

9. 扦插密度 扦插的深度不能小于5cm，这是为了保证插穗能够稳定地扎根在土壤中。插穗的株行距一般为3cm×4cm，这样的密度能够最大化地利用土地资源，同时保证每个插穗都能得到足够的生长空间。

10. 基质水分管理 扦插前1d要将消毒好的基质浇透水，这是为了确保插穗在扦插后能够得到充足的水分。但是，扦插当天不应再浇水，因为这可能会稀释插穗基部的激素。从扦插第2天开始，每天早晚各雾喷一次，每次时间为10s。这样可以帮助插穗保持湿润，同时为其提供必要的养分。20d后，可以改为每3d喷一次水，此时插穗已经逐渐开始发芽，需要注意的是，此时仍不宜过多浇水。

11. 扦插后管理 在扦插后的20d内是愈伤组织和不定根形成的关键期。此时需要保持插穗附近空气相对湿度在70%以上，以促进其生根。扦插20d后，不定根形成进入高峰阶段，此时需要根据基质湿度进行浇水管理。每周定期喷施杀菌剂防止枝条发霉。同时要保持苗床清洁，及时清理掉落的花苞和其他杂物。对于发现的杂草、黄叶、枯叶、病虫害植株也要及时进行处理。温度过高时及时通风降温，温度过低时及时保温。

（二）桃绿枝扦插技术规程

1. 采穗圃建立 面积根据采穗需求量决定，以每亩4万～5万个插穗计算。应遵循就近原则，选择离扦插设施近的地方，以方便随采就插。

2. 采穗圃枝条管理 在6月上旬，开始使用多效唑进行叶面喷雾，每7d喷1次，和多种杀菌剂交替使用效果更好。

3. 扦插环境

（1）苗床布置。苗床宽1.5m、高80cm，长度可根据环境条件来决定。苗床之间应留出30～40cm的工作道，床面应平铺一层玻璃纤维网材料，以防止基质渗漏。苗床周围应设置支架，以便安装遮阳网。

（2）基质配制及使用方法。

①基质消毒。应按比例配制好基质，然后在使用前用多菌灵或代森锰锌洒湿，之后用塑料棚膜盖严。这样处理3d后去掉覆盖物，并在太阳下直晒1d。每天翻晒2～3次。

②容器扦插。基质可选用纯珍珠岩或配方基质（珍珠岩∶蛭石∶草炭＝1∶1∶1，按体积比）。容器规格可以选择直径6cm、高16cm的无纺布袋或50穴、高8～10cm的育苗盘。

4. 全光弥雾系统安装 竖向每米安装一个雾化喷头，一台主机可以控制100个喷头。

5. 插穗制备

（1）插穗选取。选取当年生的枝条，以枝条中部和中上部作为插穗，插穗要无病虫害，直径以0.5～1.0cm为宜。

（2）插穗削剪。插穗长度应为15～20cm。用裁纸刀在插穗基部靠近基芽处削成40°～45°的斜面。沿斜面向上削去1.5cm长的韧皮部，插穗顶端削平后，最好用植物伤口促合剂涂抹。

（3）叶片处理。每个插穗留3～4片叶。

6. 激素处理 将插穗基部5cm用200mg/L IBA或180mg/L IBA＋120mg/L NAA浸蘸10s，放置1min，再速蘸5s。

7. 扦插

（1）扦插时间。在气温为20～30℃、枝条半木质化时进行扦插。

（2）扦插深度。扦插插穗的深度应不小于5cm，并确保浸蘸激素的部分被覆盖。

（3）扦插密度。在苗床中，插穗之间的株行距应为4cm×4cm。

（4）扦插方式。采用直插式，使用直径为1cm的硬木棒在苗床基质或容器基质中打孔，孔深为5～8cm。插穗插入后，将孔周围用相应的基质填满。

（5）雾化时间。扦插完成后启动雾化系统。雾化时间设定为15s/3min，循环使用，直至生根。无论是白天还是夜晚，该系统都要持续工作。

8. 插后管理

（1）插穗管理。扦插完成后，应对插穗进行雾化管理。如果遇到雨天，可以停止雾化喷水。扦插后的前2周，如果中午气温太高，可以使用遮阳网遮阳。

（2）环境。保持苗床清洁，落叶及时清理。对于杂草、病虫害植株，及时发现、及时处理。

（3）病虫害防治。每周喷施一次0.3%高锰酸钾溶液，或80%代森锰锌800倍液，或40%多菌灵800倍液，交替使用。

9. 生根移栽

（1）移栽时间。一般扦插后50～60d移栽。

（2）田间定植。事先将地整平，除去杂草枯枝等，定植时株行距为10cm×40cm。

第二节 组培快繁技术

一、组织培养

植物组织培养，是将植物上的器官、组织切割下来，在培养基上进行无菌培养，同时通过控制培养基成分及温度、光照等其他环境因素，使培养物定向生长、分化至发育形成完整植株的过程。植物组织培养的原理是植物细胞具有全能性，也就是植物体内的某一类细胞能够独立发育并且分化成为完整的植物体。植物组织培养能够以少量的母体培养出大量的植物，这使植物组织培养有许多用途，例如基础植物学与遗传学研究，以及育种与种质资源保存，生产中主要用于苗木快速繁殖。

二、桃苗木组培快繁研究进展

桃的组织培养起步于1933年，20世纪60年代就有桃愈伤组织诱导方面的研究，组培快繁技术可用于苗木脱毒，这对于快速繁殖无性系砧木和优良品种至关重要，也用于种质资源离体保存和转基因研究。

目前已有许多关于桃砧木和品种组培快繁方面的研究，但在实际应用中仍然存在增殖效率低、玻璃化严重、黄化、尖端坏死等诸多问题，从外植体建立、增殖培养、伸长生长、生根和炼苗移栽几个方面，对桃的组培快繁研究进展进行分析讨论，为桃的组织培养快速繁殖和遗传转化等工作提供参考。

（一）外植体建立

1. 材料来源 茎尖和茎段是常用的外植体材料，由于大田材料内生菌污染相对较重，所以采用广谱杀菌剂对枝条进行灭菌，置于黑暗无菌室内，用无菌去离子水水培促生可得到无病原菌的枝芽，是理想的外植体材料。植株长期培养于温室条件中，是另外一种获取外植体材料的方法。外植体材料可因品种不同而表现出明显差异，取材时间也可能影响后续的生长，以大田枝条冬季休眠后春季萌发的新芽作为外植体材料最为适宜。需要注意的是尽量使用无病毒材料，有利于后期组织培养。有研究表明，带李痘病毒（*Plum pox virus*）的材料后期增殖效率极低。

2 消毒方法 5％次氯酸钠与非离子表面活性剂吐温-20配合使用用于外植体材料消毒，也可使用抗生素、杀菌剂或酒精来降低污染率。但总体来看，防止污染最关键的是选用无内生菌的外植体材料，而非消毒方法。氯化汞（$HgCl_2$）作为一种高效的消毒剂，曾广泛应用于各类植物组织培养中，但因其毒性强，可能对人体健康造成危害，且易造成试管苗的褐化，因此现在很少使用。但实际操作过程中使用次氯酸钠（NaClO）、次氯酸钙［$Ca(ClO)_2$］和氯化汞等处理外植体，初代培养1～3d后转接到新鲜的培养基中，可以降低消毒物质对外植体材料生长的损害。

（二）增殖培养

1. 培养基

（1）基本培养基。尽管MS培养基或改良MS培养基普遍应用于桃的组织培养，但也有大量研究表明MS培养基不适合桃茎尖的增殖培养。因此，需要根据不同的品种和目的来筛选最佳培养基，最常见的就是1/2大量元素MS培养基、B5、改良QL、DKW等。

（2）大量元素。有研究表明，MS培养基中P的含量高低对桃组培苗的增殖和生长均无显著影响，但高N有利于腋芽伸长生长，而低N则利于增殖培养。N的形态以及NH_4^+与NO_3^-的比例对桃组培苗影响较大。在高浓度NO_3^-条件下，可以保证苗的质量，而NO_3^-为中等浓度时，则需要提高K的含量来保证组培苗的质量，当NO_3^-浓度低时，则组培苗增殖效率较低。高NH_4^+会抑制桃组培苗的生长，或者引起玻璃化等现象，如MS-R培养基（与MS相比，KNO_3和NH_4NO_3含量降低1/4，H_3BO_3含量增加到9.3mg/L，铁盐增加1倍）明显改善了桃组培苗的增殖生长。李洪雯等通过对MS、改良DKW、WPM和改良QL等几种培养基进行对比研究，发现含有低NH_4^+的改良QL（MS微量元素，DKW铁盐，RO有机物），在GF 677的增殖过程中表现良好，进一步证明高NH_4^+影响GF 677的增殖生长，提出对GF 677而言NH_4^+的浓度以400mg/L为宜的观点。这一结果与人工神经网络遗传算法模拟的结果相似，即当NH_4^+从20.6mmol/L（MS培养基中的含量）降到5.8mmol/L并不会影响Garnem组培苗的增殖和高度，且提高了组培苗的质量。综合分析，NH_4^+浓度为5～10mmol/L有利于桃的增殖培养。

在目前所报道的木本植物培养基中，P含量一般在3mmol/L以下，在此范围内对桃组培苗的增殖生长无显著影响，但可能影响伸长生长。

一般木本植物培养基中 K 含量多为 20mmol/L 左右，有研究表明，略高的 K 含量（25mmol/L）对 Garnem 效果更好，但也有研究认为 K 含量高低对 GF 677 无显著影响。

Ca 对桃组培苗的生长也有重要作用，F14、QL 和 DKW 等培养基中 Ca 浓度均比 MS 高近 1 倍，达到 5mmol/L，但过高则会引起组织坏死。

（3）微量元素。Mg 对桃组培苗的作用需要进一步研究。目前认为相对于 MS 培养基中 1.5mmol/L 的 Mg 含量，Garnem 更适合较低水平的 Mg 含量，以 1.1mmol/L 为宜，而对 GF 677 而言 Mg 含量则宜略高，以 2.1mmol/L 为宜，而过高（>3mmol/L）则对生长不利。有研究发现将 MS 培养基中 Cu 的浓度增大 1 000 倍，对 GF 677 和 Mr. S. 2/5 2 种砧木组培苗的生长均无明显的影响，说明桃培养基中 Cu 的浓度并不是关键因子。

（4）碳源。糖作为碳源的同时也是调节培养基渗透压的重要因素，蔗糖（20～30g/L）是最常用的碳源，减少用量会引起红花山桃玻璃化现象显著加重。针对不同品种和目的，使用山梨糖醇效果更好，尤其对于 GF 677，增殖效率成倍提高，可能是由于桃组培苗中山梨糖醇水解酶更为充足，容易将其转化为果糖和葡萄糖，并能促进细胞分裂。

（5）有机物。桃培养基中使用的有机物包括肌醇和维生素，如维生素 B_1、烟酸和吡哆醇等。肌醇可以促进 6-苄氨基嘌呤（BAP）运转，其浓度由 MS 培养基中的 100mg/L 降低到 10mg/L，有利于 GF 677 枝条伸长生长，解决了增殖过程中丛生芽的问题。

（6）琼脂。琼脂一般以 0.6%～0.8%的浓度为宜，过高影响增殖，过低则易引起组培苗玻璃化。曾有在液体培养基上培养组培苗效果优于琼脂培养基的报道。

（7）激素。桃组培苗增殖一般使用较高浓度的 6-BA 和低浓度的生长素，两者配合使用才能取得更好的效果。多数情况下，BAP 的效果优于玉米素（ZT）、激动素（KT）和异戊烯基腺嘌呤

(2ip)，而生长素IBA优于IAA和NAA。大多数研究结果表明在桃上使用BAP和IBA组合效果最好。

BAP单独使用可以保证增殖，而BAP与IBA结合可使新梢生长健壮、节间伸长。IBA使用浓度一般为0.1mg/L，而BAP的使用浓度则以0.5～2.0mg/L为宜。高浓度的BAP可以使组培苗增殖速度加快，但容易造成顶芽尖端坏死，有报道表明BAP浓度大于6.0mg/L时就会抑制桃的增殖生长。20世纪80年代的报道中BAP的使用浓度普遍偏高，但近年来，其使用浓度下降到2mg/L以下，可能与试剂纯度有关。近年来研究发现，BAP大于1.5mg/L时，就对山桃和GF 677的生长产生明显的抑制作用，造成增殖芽细小、丛生现象严重，组培苗产生玻璃化现象，与Felek等和Unek等以Garnem为材料的研究结果一致。

需要指出的一点是，国内有些研究者在报道中没有明确6-BA和BAP的区别，有时将BAP也简称为6-BA或BA，而这2种为不同的化学物质，对桃的组织培养效果有差异。

2. 培养环境

(1) 温度。温度是桃组织培养过程中的重要影响因素，一般为21～27℃，有些品种需要较低温度，如Redhaven，而组培Nemaguard则以26℃为宜。一般来说，培养容器内的温度较培养间的温度高4～5℃，所以培养间温度一般控制在21～22℃。此外，组培苗保存在2～4℃黑暗条件下的组培容器内，不但可以减少继代次数，而且可以增强后期的生长活力。

(2) 光照度和光周期。桃组织培养适宜的光周期为光照16h，黑暗8h，光照度为2 000lx，一般以荧光灯管作为光源，光质直接与组培苗的光合作用和器官形成相关，BAP的分裂效果需要一定的光照条件，而它对伸长生长的抑制则与光照条件无关。

桃不同品种增殖和生根培养基成分及效果见表4-5。

表 4-5　桃不同品种增殖和生根培养基成分及效果

品种	增殖培养基	激素（mg/L）				其他添加物	增殖倍数	生根培养基	激素/（mg/L）			其他添加物/条件	生根率（%）	平均生根数（条）
		BAP	IBA	IAA	NAA				IBA	IAA	NAA			
GF 677	F14	1.0	0.1			0.1mg GA_3	5.90	1/2MS	1.0			无	89.4	
GF 677	MS	1.0		0.1	0.1		3.4							
GF 677	MS	1.0					3.0	1/2MS	3.0			200mg Fe-EDDHA	44	2.17
GF 677	QL 大量元素＋MS 微量元素有机成分	0.2	0.06			0.03mg GA_3、3mg 硫酸腺嘌呤	6.1	QL 大量元素＋MS 微量元素＋有机成分	0.5				97.8	4.8
GF 677								LS	1.3			1.6mg 硫胺	100	7.1
GF 677	MS	1.0	0.01				6	MS	0.5				80	
GF 677	QL Mod.	0.7			0.01		3.6	MS Mod.	0.8				98	
GF 677	MS	0.6		0.1		0.5mg GA_3	6.22	1/2MS	3				73.3	2.2

（续）

品种	增殖培养基	激素（mg/L）				其他添加物	增殖倍数	生根培养基	激素/（mg/L）			其他添加物/条件	生根率（%）	平均生根数（条）
		BAP	IBA	IAA	NAA				IBA	IAA	NAA			
GF 677	改良 QL	1.0			0.01	0.1mg GA_3		改良 QL	1.0		0.05	80mg PG、50mg AC	97	3～8
GF 43	B5	1.0		2.0			5.2	1/2MS	1.0，浸泡8h，转HFM				72	3.4
PR 204/84	MS	0.9	0.01			0.1mg GA_3	5.9	1/2MS	1.0				100	10.1
Mayor	ME	1.0	0.1				5.3	ME	1.0 速蘸				73 100	
HS 314	DKW	2.0	0.1			100mg PG	3	1/2DKW	2.0			10d 暗培养		
Hassawi	MS	0.5	0.1				5.8	1/2MS	0.5				92	5.4
砧选1号、毛桃	MS	1.5	0.2				4.22、2.35	1/2MS	1.0				78.3、40.1	4.06、2.64

（续）

品种	增殖培养基	激素（mg/L）				其他添加物	增殖倍数	生根培养基	激素/（mg/L）			其他添加物/条件	生根率（%）	平均生根数（条）
		BAP	IBA	IAA	NAA				IBA	IAA	NAA			
东溪小仙桃	MS	2.0	0.5				2.78	1/2MS	0.5				58	2.45
川中岛白桃	MS	1.5	0.2				7.67	1/2MS	1.0			1g AC	86.7	7.56
红花山桃	LP	1.0	0.2				5.15	1/2MS		1.0	1.0		56	
筑波5号	MS	2.0	0.2				3.14							
雨花2号	LP	1.5	0.2				3.50～4.00	MS		1.5			55	
实生苗	MS	2.0				500mg CH	/	1/2MS大量元素＋1/10MS微量元素＋有机成分	0.5			250mg CH	40	

（续）

品种	增殖培养基	激素（mg/L）				其他添加物	增殖倍数	生根培养基	激素/（mg/L）			其他添加物/条件	生根率（%）	平均生根数（条）
		BAP	IBA	IAA	NAA				IBA	IAA	NAA			
实生苗	MS-R	0.5	2.0			500mg CH	/	1/2MS	100，浸泡8h,转HFM				75	
雪桃	MS	0.5		0.2			4	1/2MS	0.1					4～7
北农早艳	1/2MS	2.0	0.5					1/2MS，7d后转入无激素培养基				80mg PG	50	
青研1号	MS	1.0			0.05		5.49	1/2MS			0.4		42	2.8
豫农矮砧1号	MS	1.0	0.1			1.0mg GA_3		1/2MS	1.0	1.5				
豫农矮砧1号	MS	1.6	0.4											

（续）

品种	增殖培养基	激素（mg/L）				其他添加物	增殖倍数	生根培养基	激素/（mg/L）			其他添加物/条件	生根率（%）	平均生根数（条）
		BAP	IBA	IAA	NAA				IBA	IAA	NAA			
重阳红、沙红	MS	1.0	2.0			0.5mg GA_3		1/2MS	100，浸泡60min后转入HFM			16℃暗培养	82 76	
帚形山桃	MS	1.0	0.5				3.2							
霞晖6号	MS	2.0	0.5				5.2	1/2MS		2.0			53.3	
Garnem	MS	2.0	0.01			0.5mg GA_3	7.6	1/2MS	1.5			1g AC	42.8	6.3
Garnem	DKW	2.0					6.2	1/2MS	2.0				100	6.2
Garnem	MS	1.0					8.3							
Garnem	MS	1					3.7							
Nemaguard、Okinawa	MS	0.5		0.1				1/2MS	2.0					
Nemaguard	MS	1.0	0.1				3.05	1/2MS	0.5			10d暗培养	80	

（续）

品种	增殖培养基	激素（mg/L）				其他添加物	增殖倍数	生根培养基	激素/（mg/L）			其他添加物/条件	生根率（%）	平均生根数（条）
		BAP	IBA	IAA	NAA				IBA	IAA	NAA			
Tsukuba 1	QL/MS	2.0降至0.5	0.01				3.6							
Loring	QL	1.0				10g果糖＋5g葡萄糖		玫瑰改良生根培养基	3.0，预培养3d后转入HFM			10g果糖	82.2	
Adara	QL	0.5			0.01		3	MS	1.5			20g蔗糖	88	
Barrier 1	QL Mod.	0.6			0.01		3.1	MS	1				95	
Cadaman	QL	0.5			0.01		2.4	MS	1.5				87	
Fire	QL	0.6			0.01		3.1	MS	1				92	
Gensia	QL	0.7			0.01		3.2	MS	1				91	
Ishtara	SH	0.5			0.05		2.6	MS	1				85	
Julior	SH	0.6			0.05		2.5	MS	1				93	
MR. S. 2/5	SH	0.8			0.05		3	MS	1.5				98	
Penta	SH	0.8			0.05		3.1	MS	1				91	

（续）

品种	增殖培养基	激素（mg/L）				其他添加物	增殖倍数	生根培养基	激素/（mg/L）			其他添加物/条件	生根率（%）	平均生根数（条）
		BAP	IBA	IAA	NAA				IBA	IAA	NAA			
Tetra	SH	0.6			0.05		1.9	MS	1.5				82	

注：Hassawi，沙特阿拉伯品种，耐干热。Okinawa，抗线虫能力强，耐土壤肥力低，需冷量少，早熟。GF 677，抗重茬，耐缺铁，耐石灰性土壤，耐土壤肥力低，抗旱。Garnem，抗线虫，耐石灰性土壤。HS 314，抗旱，较 GF 677 耐盐。PR 204/84，较 GF 677 对疫霉、黄萎病病原菌和根癌农杆菌具有更强的抗性。PG，间苯三酚。AC，活性炭。CH，水解乳蛋白。HFM，无激素培养基。

（三）伸长生长

因为桃的组织培养相对困难，所以增殖—伸长 2 步培养法在桃的组培中较为常见，高浓度 BAP 在促进增殖的同时抑制了伸长生长，因此需要将增殖培养材料转入不含或含少量 BAP 的培养基中进行伸长生长，也可加入过滤灭菌的 GA_3 0.1～1.0mg/L，GA_3 与 BAP、IBA 共同使用往往可以大幅度提高丛生芽抽生出枝条的能力，并且可以延缓叶片老化和脱落。需要注意的是在含有高浓度 GA_3 的培养基上或长时间在含有 GA_3 的培养基上培养，反而会影响桃组培苗生长，并且可能会影响后续的生根。

总体上在伸长生长阶段，低浓度的 BAP 加 GA_3，并配合使用活性炭对伸长生长的效果更好。

（四）生根

1. 生根培养基 桃组培苗生根较其他核果类困难，所需的生根培养基因品种类型而异，甚至在同一培养基上增殖效果相同的不同品种，最佳生根培养基也各不相同。桃的生根培养基多使用1/2MS，当氮含量低于 1/2MS 培养基时，如 1/2DKW 并不利于生根。对 GF 677 而言，有些研究认为 1/2MS 的生根效果明显好于 MS，但 Balla 和 Laimer 则提出 GF 677 在生根过程中需要高氮含量，与 MS 培养基中总氮含量近似。

生根培养基中添加糖不仅可以调节渗透压和提供碳源，还可能影响生长素的代谢和运转。桃的组培苗生根多采用蔗糖为碳源，有研究表明用山梨糖醇代替蔗糖可以提高 Garnem 和 GF 677 的生根率，尤其是 GF 677 的生根率和平均根数均提高了 1 倍。此外还有报道认为 20g/L 的葡萄糖优于蔗糖，葡萄糖不仅使 Pema 的生根率提高了 1 倍，且提高了炼苗成活率。但也有研究认为碳源种类对生根影响不大。Antonopoulou 等和 Molassiotis 等研究发现，用螯合铁乙二胺二邻苯基乙酸铁（Fe-EDDHA）替代 MS 中的乙二胺四乙酸铁（Fe-EDTA），GF 677 的生根率大幅度提高，与 Balla 和 Laimer 的研究结果相同，只是后者研究认为 30～160mg/L 不同浓度 Fe-EDDHA 处理对 GF 677 生根的作用无显著差异。Fe-EDDHA 对生根的效果依品种而异，在桃砧木 PeMa 上使用反而降低了生根率，因此需要依据不同品种进行试验。

添加 1.6～2.8mg/L 维生素 B_1 对 GF 677 在 LS 培养基上生根至关重要，而通常使用的 MS 培养基中硫胺含量仅为 0.1mg/L。1mmol/L的腐胺或过氧化氢速蘸处理，对 GF 677 生根率无显著影响，但可以使平均根数增加 1 倍。AC 可以提高桃组培苗的生根率，但也有研究发现添加 AC 并无效果。

生根培养基中加入 PG 可以有效提高生根率，使用浓度一般为 80mg/L，浓度过低（15mg/L）则效果不明显。不同品种的生根培养基的最佳 pH 不同，一般为 5.5～5.8，而 Cadaman 则以 5.2 为最佳。

需要注意维生素 B_2（核黄素）可抑制桃砧木 Nemaguard 的生根。

2. 生根培养环境条件 生根阶段使用比继代培养期间更低的温度并结合暗培养，更有利于生根。

暗培养能否促进生根取决于品种，如暗培养对华光油桃、霞晖 6 号生根无促进作用，但对曙光油桃生根作用明显，这与许多研究结果一致，可能与弱光下生长素的光解减缓和过氧化物酶减少有关，但在长期黑暗条件下则不能生根。有些情况下，暗培养的作用效果还和 IBA 的使用浓度相关。尽管绿-黄光（550nm）和蓝光破坏生长素，从而抑制根的形成，但在绿-黄光（550nm）或蓝光条件下培养 2～4d 后立即转入白光下培养，均可促进生根。

尽管短时间内增大培养容器内乙烯浓度至 9mg/L 提高了 GF 677的增殖效率，但在生根过程中，乙烯不利于生根。

3. 生根激素与处理方法 对待生根的组培苗进行生长素预处理的时间，对生根的影响仅次于生长素浓度，在含有 IBA 的培养基上培养 3～7d，然后转入无激素的培养基上，往往可以得到更好的生根效果。另外，将长于 1.5cm 的芽在 1.0mg/L 的 IBA 中浸泡 2～8h 或者在 100mg/L 的 IBA 中浸泡 1～60min 后接入无激素培养基的生根效果，与在含有 IBA 的培养基上培养 3～7d，然后转入无激素培养基上相比，效果相似，甚至更好，这说明 IBA 具有诱导根原基形成的能力，但不利于根的生长。

生根过程中如果不进行预处理，IBA 一般使用浓度为 0.5～1.5mg/L，浓度过高会降低生根率且诱生愈伤组织。由于适宜诱发根原基生长的 IBA 浓度会抑制根的伸长生长，因此 IBA 浓度较高则生根数量多，而 IBA 浓度较低则平均根长更长。

一般情况下 IBA 的根诱导效果优于 NAA 和 IAA，有时 3 种配合使用也会产生较好的效果。研究不同生长素对生根或增殖的影响时，不仅要考虑到其活性，还需要考虑其在培养基中的稳定性，IAA 在培养基中 24h 内会降解 50%，IBA 则为 10%，而 NAA 则相对稳定。不同品种适宜的生长素类型有一定的差异，如用 NAA、IBA 在诱导霞晖 6 号生根时，切口基部都有愈伤组织产生，不利于移栽，而使用 IAA 时，生根率高，且根部无愈伤组织产生，而对 PR 204/84，则 IAA 诱导生根的效果不及 IBA 和 NAA。

4. 其他影响因素 研究表明桃组培苗继代培养时间长短对生根率有显著影响，继代 2 年的组培苗生根率可以达到 82.2%，继代 1 年的组培苗生根率仅为 3.3%，这是由于不同继代时长下组培苗内源激素水平不同。测定结果表明，继代 2 年的组培苗内源 IAA 水平是继代 1 年组培苗的 4 倍，对继代 1 年的组培苗增大 IBA 处理浓度并延长预处理时间，生根率则可以达到 80%以上，这一研究结果为桃不同阶段的组培苗生根提供了理论支持。

（五）炼苗移栽

根的长度一般以 3～5cm 为宜，移栽过程中需防止根折断而影响成活率。组培苗需要在温室条件下进行炼苗，在温室自然光下闭瓶炼苗 3d，再打开瓶塞炼苗 4d，清洗琼脂后栽入含有少量养分的基质中，pH5.6 左右，保证高湿（空气相对湿度＞70%）和密闭环境是炼苗前期的关键，温度以 16～20℃为宜，移栽后第 2 天喷施 1 次 70%多菌灵 800 倍液，以后根据情况喷施 1～2 次，以降低病害发生的概率。炼苗过程中逐步降低空气相对湿度，光照度由 1 000lx逐渐增加到 3 000lx，促进组培苗逐渐木质化。在炼苗前将组培苗培养在无激素但添加了 2.5g/L 活性炭的 1/4MS 培养基上，将光照度增大 1 倍后培养 2 周，有利于后期苗木的木质化。

（六）展望

桃的组织培养相对于其他木本果树来说较为困难，且不同品种间培养条件差异较大，对每个品种都需要进行单独的系列试验研究，才能取得较好的组培快繁效果。总体上，低盐低 NH_4^+ 基本培养基添加 0.5～1.0mg/L BAP 和 0.1mg/L IBA 可以满足大部分桃品种的增殖培养需求，在此基础上降低 BAP 浓度并添加 0.5mg/L 左右 GA_3 则可以促进伸长生长，生根培养时，可以用 1/2MS 培养基添加 0.5～2.0mg/L IBA 生根，或在高浓度（500～1 000mg/L）IBA 中速蘸后在无激素培养基上生根，可以解决大部分桃组培苗的生根问题，在此基础上进一步调整碳源、铁、钙及其他添加物对增殖的影响，可以提高桃组培快繁的效率。

除了常规生长激素在桃组织培养中的应用，多胺、茉莉酸、水杨酸、信号肽、低聚糖、固醇、系统蛋白等新型生长调节剂在植物组织培养中也逐步开始应用，硅在桃组织培养中的重要性也开始被细致深入地研究。

由于桃的组培快繁效率依不同的基因型而差异较大，所以很难找到通用的组培条件。利用人工神经网络遗传算法（ANN-GA）计算出 Garnem 的最佳培养基无机盐含量应为 27.5mmol/L NO_3^-、14mmol/L NH_4^+、5mmol/L Ca^{2+}、25.9mmol/L K^+、0.74mmol/L Mg^{2+}、1.1mmol/L PO_4^{3-}、4.7mmol/L SO_4^{2-}、0.96mmol/L Cl^-，附加最佳激素组合为 1.2mg/L BAP 和0.098mg/L IBA。随着人工神经网络遗传算法在植物组织培养领域的逐步完善和应用，人们可以对植物组织培养中涉及的诸多因素实现快速优选。

三、组培实验室建设

（一）组培实验室要求

理想的组培实验室应该建立在安静、清洁、远离污染源、交通十分便利的地方，最好在全年主风向的相反方向，以最大限度地减少污染。组培实验室的建设需考虑2个方面的问题：一是实验性质，即是生产性的还是研究性的，是基础性的还是更高层次的；二是实验室的规模，规模主要取决于资金和实验的性质。

无论实验室的性质和规模如何，实验室设置的基本原则都是科学、高效、经济和实用。一个组培实验室必须满足3个基本的要求：实验准备（培养基制备、容器清洗、培养基和培养器皿灭菌）、无菌操作和控制培养。此外，还可以根据实验要求来考虑添加各种附加设施，使实验室更加完善。

（二）组培实验室组成

基本的实验室包括准备室、洗涤灭菌室、无菌操作室、培养室、缓冲间。如进行工厂化生产，若年产100万株苗木，则需总面积500～600m^2。

1. 准备室

（1）准备室功能。各种药品的贮备、称量、溶解，器皿洗涤，培养基配制与分装，培养基和培养器皿的灭菌，培养材料的预处理等。

（2）准备室要求。一般准备室最好有40m^2左右。要求房间宽敞明亮，可以放置多个实验台和相关的实验设备；必须方便多人一起工作；要求通风条件良好，便于气体交换；实验室地面必须便于清洁，并要求进行防滑处理。

（3）准备室分类。分体式研究性质实验室，一般拥有分开的若干房间，并将准备室分别设置为药品贮藏室、培养基配制室等，这样分离使得各个实验室功能明确，便于管理，但是并不适合大规模生产。

通间式规模化实验室，一般设计成面积较大的通间，可以在同一房间内完成实验操作的各个环节。这样设计有利于程序化操作与管理，减少各环节间的衔接时间，从而提高工作效率。除此之外还便于培养基配制、分装和灭菌的自动化操作程序设计，从而减少规模化生产的人工劳动，更有利于无菌条件的控制和标准化操作体系的建立。

（4）准备室设备设施和器械。准备室应具备实验台、药品柜、水池、防尘橱（放置培养容器）、冰箱、天平、蒸馏水器、酸度计及配制培养基常用的玻璃仪器等。

2. 洗涤灭菌室

（1）洗涤灭菌室功能。完成各种器具的洗涤、干燥、保存以及培养基的灭菌等。

（2）洗涤灭菌室要求。洗涤灭菌室根据实验工作量的大小来决定面积大小，一般面积控制在 $50m^2$。在洗涤灭菌室的一侧设置专用的洗涤水槽，用来清洗玻璃器皿。中央实验台还应配置 2 个水槽，用于清洗小型玻璃器皿。如果洗涤工作量大，还可以考虑购置洗瓶机。准备 1～2 个洗液缸，专门用于洗涤对洁净度要求很高的玻璃器皿，地面应耐湿并排水良好。

（3）洗涤灭菌室设备设施和器械。洗涤灭菌室应具有水池、落水架、中央实验台、高压灭菌锅、超声波清洗器、干燥灭菌器（如烘箱）等。

3. 无菌操作室（接种室）

（1）无菌操作室功能。无菌操作室也称组培接种室，主要用于植物外植体材料的消毒、组培苗接种、培养物的转移、试管苗的继代以及一切需要进行无菌操作的技术程序，是植物离体培养研究或生产中最关键的实验室。

（2）无菌操作室要求。无菌操作室的面积一般宜小不宜大，$20m^2$左右即可，并且可以有很多个房间，它的大小应该根据实验需要和环境控制的难易程度来决定。要求封闭性好，干爽安静，清洁明亮，能够较长时间保持无菌环境，因此不适宜设在容易受潮的地方；地面、天花板及四壁尽可能密闭光滑，方便清洁和消毒；配置拉动门，以减少开关门时的空气扰动；为便于消毒处理，地面及内墙壁都应采用防水和耐腐蚀材料；为了保持室内清洁，无菌操作室必须防止空气对流。无菌操作室要求在适当位置吊装 1～2 盏紫外线灭菌灯，用以照射灭菌。最好安装一台小型空调，使室温可控，这样可使门窗紧闭，减少与外界空气对流。

一般情况下新建的无菌操作室在使用之前应该进行全面灭菌处理，用甲醛和高锰酸钾熏蒸，并需定期灭菌处理，用紫外线灭菌灯每周照射 1～2h，或每次使用前照射 10～30min。

(3) 无菌操作室设备设施和器械。无菌操作室应备有紫外线灭菌灯、空调、解剖镜、消毒器、酒精灯、接种器械（接种镊子、剪刀、解剖刀、接种针）、实验台、搁架、超净工作台和整套灭菌接种仪器等。

4. 培养室

(1) 培养室功能。培养室是对接种到培养瓶等器皿中的植物外植体材料进行控制条件下培养的场所。

(2) 培养室要求。一般来说，1 个培养室需要 $20m^2$ 左右的面积，培养室的大小可根据需要培养架的大小、数量以及其他的辅助设备而定，它的设计以充分利用空间和节省能源为原则。最基本的要求就是能够控制光照和温度，并保持相对的无菌环境。因此，培养室应保持清洁和适度干燥；为了满足植物外植体材料生长对气体的需要，培养室还应该安装排风窗和通风风扇等换气装置；为节省能源和空间，应配置适宜的培养架，并安装日光灯照明。

研究所用的培养室，通常可根据光照时间设置长日照、中日照、短日照培养室，也可以根据温度设置高温和低温培养室，每一间培养室的空间不宜过大，这样更有利于对培养环境条件的均匀控制。进行精细培养，如细胞培养和原生质体培养，可采用光照培养箱或人工气候箱代替培养室。

为了控制培养室的温度、光照时间及光照度，培养室内不应该有窗户，但是需要留一个通气窗，并且安装上排气扇。室内温度由空调控制，光照由日光灯控制。天花板和内墙最好采用塑料复合钢板搭建，地面用水磨石或瓷砖铺设。培养室一般情况下要分 2 间，一间为光照培养室，另一间为暗培养室。培养室外还需要一个预备间或一条走廊。

培养材料放在培养架上培养。培养架大多由金属制成，一般设5层。

培养室中最重要的因素就是温度，通常情况下温度应该保持在20～23℃，培养室内需设产热装置，并安装窗式或立式空调机。室内空气相对湿度也要求恒定，以保持在50%～70%为宜，可安装加湿器。控制光照时间可安装定时开关，通常情况下每天需要光照时间16h，也有的需要连续照明。大多数现代组培室设计都是采用太阳光照作为主要光源，这样不但可以节省能源，而且组培苗接受太阳光后生长状态更好，驯化后也更容易成活。如果在阴雨天可用灯光进行补光。

（3）培养室设备设施和器械。培养室应备有培养架（控温控光控湿）、摇床、转床、自动控时器、紫外线灭菌灯、光照培养箱或人工气候箱、生化培养箱、实验台、除湿机、显微镜、温度计、湿度计、空调等。

（三）设备设施和器械

1. 常规设备和器械

（1）天平。一般情况下组培实验室需要2～3台不同精确度的天平。

精确度为0.001g的天平（分析天平）和精确度为0.000 1g的天平（电子天平）用于称量微量药品。

精确度为0.01g和0.1g的天平用于大量元素母液配制和一些用量较大的药品的称量。

（2）冰箱。各种维生素和激素类药品，以及培养基母液均需低温保存，某些实验还需对植物材料进行低温处理，一般普通冰箱即可。

（3）酸度计。酸度计一般用于测定培养基及溶液的pH，通常情况下要求可测定pH范围为1～14，精度为0.01即可。

2. 灭菌设备 在植物组织培养的过程中维持相对的无菌环境是最基本的要求。

（1）高压灭菌锅。高压灭菌锅用于培养基、玻璃器皿以及其他可高温灭菌用品的灭菌，根据实验需要和实验室规模有手提式、立式、卧式等不同类型可供选择。

(2) 紫外线灭菌灯。紫外线灭菌灯是既经济又便宜的控制无菌环境的装置。

3. 超净工作台 超净工作台的操作台面是半开放区，具有方便、操作舒适等优点，过滤的空气连续不断吹出，直径大于0.03μm的微生物很难在工作台的操作空间停留，保持了较好的无菌环境。由于过滤器吸附微生物，使用一段时间后过滤网易堵塞，因此应定期维护和更换过滤网。

4. 培养架 培养架是目前所有植物组培实验室的通用设施，其成本低、设计灵活、可充分利用培养空间。培养架一般有5层，最低一层离地约10cm，每层间距30cm左右。培养架长度都是根据日光灯的长度来决定的，若采用40W日光灯，则长1.3m，若采用30W日光灯，则长1m，所有培养架的宽度基本一致，宽度一般为60cm。

5. 培养容器与器械 培养容器一般指盛有培养基并且提供外植体生长空间的无菌容器，培养器械指培养物接种、封口所用的各种玻璃、金属或塑料制品，要求实验室必备。

(1) 培养容器。培养容器包括的种类很多，其中包括各种规格的培养皿、三角瓶、试管、培养瓶。玻璃容器一般用无色并不产生颜色折射的硼硅酸盐玻璃。塑料容器轻、不易破碎、制作方便，也被广泛使用，一般采用聚丙烯、聚碳酸酯制成。

(2) 金属器械。

①镊子。植物组织解剖用小的尖头镊子，分株转移、繁殖转接用枪形镊子，长16～22cm。

②剪刀。不锈钢医用弯头剪，用于取材和切段转移繁殖，长14～22cm。

③解剖刀。组织切段，多用短柄可换刀片的医用不锈钢解剖刀。

(3) 塑料器械。塑料用具一般包括各种盖、塑料盘等。

四、培养基的种类、配方及特点

（一）培养基的种类

（1）根据营养水平。基本培养基、完全培养基。

（2）根据态相。固体培养基、液体培养基。

（3）根据作用。诱导培养基、增殖培养基、生根培养基。

（4）根据培养过程。初代培养基、继代培养基。

（5）组织培养中常用的培养基。MS、White、CHV-N6、B5、Heller、Nitsch、Miller。

（二）培养基的主要成分

1. 无机营养　一般来说无机营养主要由大量元素、中量元素和部分微量元素组成，其中大量元素及中量元素主要包括氮、磷、钾、钙、镁和硫6种，氮源通常包括硝态氮或铵态氮，硝态氮更常用于植物培养基中，也有将硝态氮和铵态氮混合使用的。培养基中的磷和硫一般常用磷酸盐和硫酸盐来提供。钾离子是培养基中主要的阳离子。培养基所需的钠和氯化物由钙盐、磷酸盐或微量营养物来提供。植物培养基中的微量元素通常包括碘、锰、锌、钼、铜、钴和铁，这些元素中有些对生命活动的某个过程有重要作用，有些对蛋白质或酶的生物活性十分重要，还有些参与某些生理过程的调节。培养基中的铁离子，大多以螯合铁的形式存在，即 $FeSO_4$ 与 Na_2-EDTA（螯合剂）的混合。

2. 碳源　在植物组织培养过程中，光合作用都比较弱。因此，需要在培养基中添加一些碳水化合物以满足其需求。培养基中的碳水化合物通常是蔗糖或D-葡萄糖，用量通常为3%，也可以用市场上销售的白糖代替，但是一般情况下需要增加用量，而且最好选用比较固定的厂家生产的产品，以保证稳定性。

3. 有机营养　一般有机营养包括人工合成的和天然有机附加物。较常用的天然有机附加物包括酪蛋白水解物（水解乳蛋白、水解酪蛋白）、酵母提取物、玉米胚乳、麦芽浸出物、番茄汁、椰子汁及各种氨基酸等；维生素，加入适量的维生素在植物培养基中，对外植体的生长发育十分有利。培养基中的维生素属于B族维生素，其中效果较好的有维生素B_1（硫胺素）、维生素B_6（盐酸吡哆醇）、维生素B_7（维生素H、生物素）、维生素B_5（泛酸钙）、维生素B_8（肌醇）、维生素B_3（烟酸）。在部分培养基中还添加维生素C（抗坏血酸）、维生素E（生育酚）、维生素B_{12}（钴胺素）和氯化胆碱等。

4. 生长调节物质 常用的生长调节物质（常称为激素）大致包括以下3类。

（1）植物生长素。在组织培养过程中，培养基中必须添加植物生长素。植物生长素主要作用包括：诱导愈伤组织的产生、促进细胞脱分化、促进细胞的伸长、促进生根。常用的植物生长素有IAA、NAA、IBA、NOA（萘氧乙酸）、PCPA（对氯苯氧乙酸）等。生长素的使用浓度通常为0.1～10mg/L，具体根据培养植物的品种和实际生长情况来决定。

（2）细胞分裂素。细胞分裂素的种类很多，如ZT、6-BA、BAP、KT和TDZ（噻二唑苯基脲）等。细胞分裂素在植物组织培养过程中起着十分重要的作用。第一，细胞分裂素可以促进细胞分裂和扩大（与生长素促进细胞伸长的作用不同），可使茎增粗，而抑制茎伸长；第二，细胞分裂素可以诱导芽的分化，同时促进侧芽萌发生长；第三，细胞分裂素可以延缓离体组织或器官的衰老过程，有保鲜的效果。但是，细胞分裂素对根的生长一般起抑制作用。在组培中，细胞分裂素的使用浓度通常为0.1～10mg/L。细胞分裂素常常与生长素配合使用，适当的浓度用以调节细胞分裂、细胞伸长、细胞分化和器官形成。

（3）赤霉素。植物组织培养中使用的赤霉素只有一种，即GA_3。GA_3虽然已经用于顶端分生组织的培养和维管分化的研究，但在培养基中很少添加，因为在很多试验中发现它的作用往往是负面的。

5. 琼脂或其他支持物 除液体悬浮培养外，就目前情况而言，琼脂是一种极为理想的支持物。一般用量为0.4%～1%，质量越差的琼脂用量越大。琼脂作为培养基的支持物，使培养基呈固体状态，以利于各种外植体的培养。

6. 其他添加剂 其他添加剂一般包括活性炭、渗透调节剂、抗生素、抗氧化剂等。在培养基中加入活性炭的主要目的是利用其吸附能力，从而减少一些有害物质的影响，如可以防止酚类物质污染而引起组织褐化死亡。这一点在兰花组织培养中效果更明显。另外，活性炭使培养基变黑，这样也有利于某些植物生根。但活性炭对物质吸附没有选择性，既可以吸附有害物质，也可以吸附有利物质，因此使用时应慎重考虑，不能过量，一般用量为1%～5%。活性炭对形态发生和器官形成有良好的效应。将1%～4%活性炭添加到已经失去胚状体发生能力的胡萝卜悬浮培养细胞液中，可使胚状体的发生能力得以恢复。

7. 水 水是植物原生质体的组成成分，也是所有代谢过程的介质和溶媒。配制培养基母液时要用蒸馏水，以保持母液及培养基成分的精确性，并防止贮藏过程中发霉变质。

8. pH 培养基的 pH 因培养材料的不同而不同，大多数植物组织培养要求培养基的 pH 为 5.6～5.8。常用 0.1mol/L NaOH 溶液和 0.1mol/L HCl 溶液来调节培养基的 pH，但必须注意以下 2 点：第一，经高温高压灭菌后，培养基的 pH 会下降 0.2～0.8，所以调整后的 pH 应比目标 pH 高 0.5；第二，pH 的大小会影响琼脂的凝固能力，一般情况下当 pH 大于 6.0 时，培养基将会变硬，低于 5.0 时，琼脂就不能很好地凝固。

五、组织培养的步骤

（一）培养基配制

一般情况下配制培养基有 2 种方法可以选择：一是购置培养基中所需要的所有化学药品，按照要求自己配制母液备用；二是购置成品，即混合好的培养基根本成分粉剂，如 MS、B5 等。

1. MS 培养基母液配制

（1）大量元素母液配制。一般情况下我们需要将大量元素分别配制成100倍母液，在使用的时候再分别稀释100倍。依次称取NH_4NO_3 165g、KH_2PO_4 17g、KNO_3 190g、$CaCl_2 \cdot 2H_2O$ 44g、$MgSO_4 \cdot 7H_2O$ 37g。分别配成1L的母液，倒入1L试剂瓶中，存放于冰箱中，4℃保存。

（2）微量元素母液配制。一般情况下我们需要将微量元素分别配制成100倍母液。依次称取KI 0.083g、$Na_2MoO_4 \cdot 2H_2O$ 0.025g、H_3BO_3 0.62g、$CuSO_4 \cdot 5H_2O$ 0.002 5g、$MnSO_4 \cdot H_2O$ 1.69g、$CoCl_2 \cdot 6H_2O$ 0.002 5g、$ZnSO_4 \cdot 7H_2O$ 0.86g，分别配成1L的母液，倒入1L试剂瓶中，存放于冰箱中，4℃保存。

另外，由于$CuSO_4 \cdot 5H_2O$和$CoCl_2 \cdot 6H_2O$称取量很小，如果天平精确度没有达到0.000 1g，可先配成调整液。分别称取$CuSO_4 \cdot 5H_2O$ 0.05g、$CoCl_2 \cdot 6H_2O$ 0.05g，分别配成100mL的调整液，然后取5mL就有0.002 5g的量。

（3）铁盐母液配制。一般情况下我们需要配制成100倍MS铁盐母液。依次称取EDTA二钠3.73g、$FeSO_4 \cdot 7H_2O$ 2.78g，分别配成1L母液，倒入1L试剂瓶中，存放于冰箱中，4℃保存。

（4）有机母液配制。一般情况下我们需要配制成100倍MS有机母液。依次称取维生素B_8 10g、维生素B_1 0.01g、维生素B_3 0.05g、甘氨酸0.2g、维生素B_6 0.05g，分别配成1L母液，倒入1L试剂瓶中，存放于冰箱中，4℃保存。

（5）激素母液配制。各种生长素和细胞分裂素都需要进行单独配制，不能混合在一起，生长素类一般都需要先用少量95%酒精或1mol/L的NaOH溶液进行溶解，细胞分裂素一般都需要先用1mol/L的HCl溶液进行溶解，然后再加蒸馏水定容。一般取100mg配成100mL母液。

2. 配制培养基 以配置1L MS培养基为例。先在烧杯中放入一些蒸馏水。然后分别取上面配置好的母液10mL依次倒入。一般还需要称取30g蔗糖倒入，搅拌溶解。最后加蒸馏水用量筒定容至1L。

按设计好的方案添加各种激素，由于激素的用量非常小，而且激素对组培植物的生长至关重要，所以有条件的情况下最好用微量可调移液器吸取，以减少误差。

用精细试纸或酸度计调整 pH 至 5.7～5.8，有条件的话使用酸度计，比较准确。可配 1mol/L 的 HCl 溶液和 1mol/L 的 NaOH 溶液用来调溶液 pH。

1mol/L HCL 溶液配制：用量筒量取 8.3mL HCl 配成 100mL 溶液。

1mol/L NaOH 溶液配制：称取 NaOH 4g 配成 100mL 溶液。

称取 5g 左右琼脂粉（质量好的琼脂粉），倒入上面配好的溶液中，放在电炉上加热至沸腾，直到琼脂粉完全溶解。稍微冷却后，分装入培养容器中。无盖的培养容器要用封口膜或牛皮纸封口，用橡皮筋或绳子扎紧。放入消毒灭菌锅灭菌，灭菌 20min 左右。灭菌后从灭菌锅中取出培养基，平放在实验台上令其冷却凝固。

（二）灭菌

灭菌是指使用物理或化学的方法杀死物体外表和孔隙内的所有微生物或生物体，即杀死所有有生命的物体。与此相关的一个概念就是消毒，消毒是指杀死、消除或充分抑制局部微生物，使其不再具有有害影响，很显然，经过消毒，许多细菌芽孢、霉菌厚垣孢子等不会被完全杀死，也就是说，由于在消毒后的环境里和物品上还有活着的微生物，所以有必要进行严格的灭菌操作，使空间（接种室、超净工作台等）、使用的器皿以及操作者的衣服和手都不带任何活着的微生物。在这样的条件下进行的操作，就称为无菌操作。

植物组织培养对无菌环境条件的要求是非常严格的，甚至超过了微生物的培养要求，这是因为培养基含有非常丰富的营养物质，稍不小心就会造成杂菌污染。为了达到完全灭菌的目的，需要根据不同的对象采取不同的切实有效的方法进行灭菌，才能保证培养时不受杂菌的影响，并确保试管苗能正常生长。

通常使用的灭菌方法可分 2 类，分别为物理方法和化学方法：物理方法包括干热（烘烧和灼烧）、湿热（常压或高压蒸煮）、射线处理（紫外线、超声波、微波）、过滤、清洗和大量无菌水冲洗等措施；化学方法是使用氯化汞、甲醛、过氧化氢、高锰酸钾、来苏水、漂白粉、次氯酸钠、抗生素、酒精等化学药品处理。我们应该根据工作中使用的不同材料以及不同的目的适当地选择这些方法和试剂。

一般培养基用高压灭菌的方法，具体操作如下：培养基在制备完成后的24h内完成灭菌的工序。高压灭菌的原理是：在密闭的蒸锅内，里面的蒸汽不能外溢，压力不断上升，使水的沸点不断提高，从而锅内温度也随之提高。在0.1MPa的压力下，锅内温度达121℃。在此蒸汽温度下，可以很快杀死各种有害微生物。

（三）外植体的选择与消毒

1. 外植体的选择 一般选择春季萌发的桃新梢前端10cm。

（1）基因型。基因型不同，组织培养的难易程度不同。不同桃品种（砧木）之间差异较大。

（2）外植体来源。从生长健壮、无病虫害的植物中选择发育正常的组织作为外植体，这样离体培养就很容易成功。同一植物不同部位之间的再生能力差别非常大，茎尖是较好的外植体。

2. 外植体的消毒 选进行预处理，修剪整理新梢，去除不必要的部分，把我们预备好的外植体材料在自来水中冲洗干净。经过自来水冲洗的外植体材料，其表面依然有很多细菌和真菌。

将处理好的外植体材料放在一个有盖的玻璃瓶中，注入75%酒精浸没材料，浸泡10s左右。倒出酒精，用无菌水冲洗1次。

使用0.1%氯化汞溶液或2%次氯酸钠溶液（含有几滴活化剂吐温-20或吐温-80），使材料完全浸没在消毒液中，盖上盖，把玻璃瓶置入超净工作台，不同的外植体材料需要不同的消毒时间。在消毒期间须摇动玻璃瓶2～3次。

消毒处理后，将瓶盖打开，将消毒液倒出，注入适量的无菌蒸馏水，再盖上盖，摇动数次，将水倒掉，重复3～4次。

（四）外植体的接种与培养

1. 外植体的接种

（1）无菌环境要求。接种是把经过表面消毒后的材料切分为2～3个芽段，并把它们转放到无菌培养基上的全部操作过程。在整个接种操作的过程中，用具、材料、培养基、培养室等都必须是无菌的。

若在接种操作过程中发生污染，可能是由于材料本身带菌或工作人员操作不当引起的。

植物组织培养技术实际上就是一种无菌操作和无菌培养技术，接种室的消毒灭菌工作对组织培养技术而言是至关重要的一部分。每次接种工作前0.5h必须对地面进行清洁，并用70％酒精喷雾使空气中的灰尘沉降。然后用紫外线灯照射20min。接种前工作台面要用新洁尔灭或酒精擦洗，并用紫外线灯照射。

（2）工作人员要求。工作人员进入无菌室前要洗手。进入无菌室时要穿戴上经过消毒的工作服、帽子、口罩和鞋子等，以免微生物污染材料、培养基和用具。每次重新操作都必须把工具放在火焰上灼烧消毒。必须在酒精灯火焰处进行操作，如打开瓶口，转接材料。盖瓶盖前应将瓶口在火焰上烧一下，再将盖子也在火焰上烧一下，然后盖上。

（3）材料的切取。接种工具一定要放好，放在顺手且不会被污染的地方，切割动作一定要快，防止挤压使材料损伤而失败。接种时一定要注意，防止交叉污染的发生，通常在无菌滤纸上切取材料。若已用过的工具未及时消毒而再继续使用，非常容易发生一系列的交叉污染现象。因此，刀和镊子等接种工具使用后应放入95％酒精中浸泡，然后灼烧放凉备用。

（4）接种的具体操作步骤。左手拿培养皿，用右手轻轻取下包纸，以免纸上的灰尘飞扬，造成污染。将培养皿口靠近酒精灯火焰，在火焰上烧数秒钟，然后用镊子将外植体送入瓶中。外植体在培养皿内的分布要均匀，以保证必要的营养面积和光照条件。

茎尖、茎段等基部插入固体培养基中。所有的材料接种完成以后，包扎好包装纸或盖好瓶盖，做好标记，一定要标注清楚接种材料名称和接种日期。

接种时有一个敞口的过程，是极易引起污染的时期，这一时期的污染主要是由空气中的细菌和工作人员操作不当引起的，因此，需要对接种室进行严格消毒。

接种前的消毒准备工作如下：在接种前4h，打开接种室内的紫外线灯进行消毒；在接种前20min，打开超净工作台的风机以及台上的紫外线灯；接种工作人员先洗净双手，在缓冲间换好专用实验服，并换好拖鞋等；上工作台后，用酒精棉球擦拭双手，特别是指甲处，并且佩戴无菌手套，然后擦拭工作台面。用酒精棉球擦拭接种工具，再将接种工具全部过一遍火，然后反复过火尖端处，对培养皿要过火烤干。接种时，工作人员双手不能离开工作台，不能说话、走动和咳嗽等。

当接种工作结束后要清理干净工作台，可用紫外线灯消毒30min，如果实验室需要连续接种，每5d必须要大强度消毒1次。

（5）外植体培养的条件。

①温度。常保持在（21±2）℃，夜温低1～2℃。

②光照时间。大多数情况下为16h。

③光照度。1 000～3 000lx，使用白色荧光灯，光的作用是满足形态建成的需要。

④空气相对湿度。培养室的空气相对湿度一般不控制。

2. 培养

（1）培养方法。

①固体培养方法。固体培养主要是指用琼脂固化培养基来培养植物外植体的方法，是目前使用最广泛的方法。虽然该方法设备简单、容易操作，但养分分布不均，外植体生长速度不均衡，并常有褐化中毒现象发生。

②液体培养方法。液体培养是指用不加固化剂的液体培养基培养植物外植体的方法。由于液体中氧气含量较少，所以通常需要搅动或振动培养液以确保氧气的供给，采用往复式摇床或旋转式摇床

进行培养，转速一般为 50～100r/min，这种定期浸没的方法，既能使培养基均匀，又能保证氧气的供给。

（2）培养步骤。

①初代培养。初代培养是指接种某些外植体后，最初的几代培养，旨在获得无菌材料和无性繁殖体系。初代培养时，常用诱导或分化培养基，即培养基中含有较多的细胞分裂素和少量的生长素。

顶芽和腋芽的发育：通常采用外源的细胞分裂素，可促使具有顶芽或没有腋芽的休眠侧芽启动生长，从而形成一个微型的多枝多芽的小灌木丛状的构造。在连续几个月内可以将丛生苗的一个枝条转接继代多次，重复芽苗增殖的培养，并且迅速获得多数的嫩茎。然后将一局部嫩茎转移到生根培养基上，就能得到完整小植株。

②继代培养。初代培养所获得的芽数量远远不够，所以需要进一步增殖，使芽数量越来越多，从而发挥快速繁殖的优势。继代培养就是继初代培养之后的连续数代的扩繁增殖培养过程。主要目的就是繁殖出一定数量的无根苗，最后能达到边繁殖边生根的目标。继代培养中扩繁的方法包括切割茎段、别离芽丛等。

③生根培养。在培养材料增殖到一定数量后，就需要开始生根培养。生根培养是使无根苗生根的过程，这个过程的目的是产生不定根。生根培养可采用 1/2MS 培养基或 1/4MS 培养基，全部去掉细胞分裂素，加入 NAA、IBA 等。生根调控可以将新梢基部直接转移到含有生长素的生根培养基中，这种方法对幼根的生长有抑制作用，其原因是当根原基形成后较高浓度生长素的继续存在不利于幼根的生长发育。

④驯化移栽。由于试管苗生长在无菌、有营养供给、光照和温度适宜、空气相对湿度近 100％的条件下，因此，在生理、形态等方面都与自然条件下生长的小苗有着很大的差异。所以必须通过炼苗来逐步适应外界环境，例如通过控水、减肥、增光、降湿等措施，使试管苗逐渐适应外界环境，只有这样才能确保试管苗顺利移栽。

从叶片的角度来看，试管苗的角质层不发达，叶片通常没有表皮毛，或仅有少量的表皮毛。由此可知，空气相对湿度较高的生长环境更加适宜试管苗，当将它们移栽到试管外的环境中时，试管苗失水率会很高，非常容易死亡。因此，为了改善试管苗的不利生理、形态特征，有必要进行适应外界的驯化处理。通常采取的措施有：提高试管外环境的空气相对湿度、减弱光照；试管内要适当通风透气、增施二氧化碳肥料、逐步降低空气相对湿度等。

另外，需要对栽培驯化基质进行灭菌，试管苗在无菌的环境中生长，对外界细菌、真菌的抵抗能力弱，为了提高其成活率，在基质中可掺入75%百菌清可湿性粉剂200～500倍液进行灭菌处理。

适合栽种试管苗的基质要具有透气性、保湿性和一定的肥力，容易灭菌处理，不利于杂菌滋生，一般可选用珍珠岩、蛭石、沙子等。为了增加黏着力和一定的肥力，可配合草炭土或腐殖土。配制基质时需按比例搭配，一般珍珠岩、蛭石、草炭土或腐殖土的比例为1∶1∶0.5，也可将沙子和草炭土或腐殖土按1∶1的比例配制。这些基质在使用前应高压灭菌。

栽培容器一般情况下可以使用直径6～10cm、高6～10cm的软塑料钵，也可以使用育苗盘。前者占地大，耗用大量基质，但幼苗不用移栽，后者需要二次移苗，但节省了空间和基质。

在移栽前可以将试管不开口移到自然光照下2～3d，让试管苗接受强光的照射，使其生长更加强壮，然后再开口炼苗1～2d，并进行较低空气相对湿度的处理，以适应未来外界的空气相对湿度。

从试管中取出生根的小苗，用自来水洗掉根部黏着的培养基，一定要全部清洗干净，以防残留培养基滋生杂菌，要轻轻除去，防止对根产生损伤。移栽时用一根筷子粗的竹签在基质中插一小孔，然后将小苗插入，注意幼苗较嫩，防止弄伤，栽后把苗周围基质压实，栽前基质要浇透水。栽后轻轻地浇入薄水。然后将幼苗移入高空气相对湿度的环境中，保证空气相对湿度达90%以上。

保持小苗的水分供应和需求之间的平衡。在移栽后7d内，应给予较高的空气相对湿度，以减少小苗叶面水分的蒸发，尽可能接近培养瓶内的条件，让小苗始终保持挺拔直立的状态。培养基质要浇透水，栽培容器所放置的床面也要浇水湿润，然后搭设小拱棚，以减少水分的蒸发，并且初期要进行喷雾处理，保持拱棚薄膜上有水珠出现。7d 后，发现小苗有生长趋势，可逐渐降低空气相对湿度，减少喷水次数，将拱棚两端翻开通风，使小苗适应空气相对湿度较小的条件。约 15d 以后揭去拱棚的薄膜，并进行水分控制，逐渐减少浇水，促进小苗生长。

防止菌类生长。由于试管苗的原始环境是无菌的，拿出来移栽后很难保持完全无菌，因此，一定要避免菌类大量繁殖，以利于试管苗成活。应该对基质进行高压灭菌，可以适当使用一定浓度的杀菌剂以便有效地保护幼苗，如多菌灵、甲基硫菌灵等，喷药宜7～10d进行 1 次。在移苗时尽量少伤苗，伤口过多、根损伤过多都会使炼苗成活率降低。喷水时可以加入 0.1%尿素，或用 1/2MS 大量元素的水溶液作追肥，以提高幼苗的生长速度和存活率。

试管苗移栽以后要保持一定的光照和温度条件，适宜的温度是18～20℃。低温会导致幼苗的生长速度变慢，或难以成活。温度过高会使水分蒸发，从而破坏水分平衡，并会促使菌类生长。此外，在光照管理的早期阶段，可以使用较弱的光照，例如，使用遮阳网或者报纸遮盖小拱棚，以防阳光太强灼伤试管苗和增加水分的蒸发。当小苗有了新的生长时，逐渐提高光照度，后期可直接利用自然光照，促进光合产物的积累，增强试管苗抗性，促进试管苗的生长。

基质应当保持适当的通气性。要选择适当的颗粒状基质，保证良好的通气性。在管理过程中不要浇水过多，过多的水应迅速沥除，这样有利于根系呼吸。

第三节　压条繁育技术

一、压条介绍

压条是插穗生根的一种方式，不定根在茎上形成，有根的茎被分离、移栽，并在自己的根上成为一个独立的植物。压条是一种古老的苗木繁育技术，20 世纪早期，英国开始使用起垄压条技术，欧洲苗圃广泛使用这种技术来繁殖最初的一些桃砧木，推动了无性系砧木的应用。在很大程度上，压条育苗技术已被更现代的生根技术和容器生产方法所取代。尽管如此，该方法对于难生根的无性系是高度可靠的，并继续用于生产重要园艺植物。此法简单易行，成活率高，但受母株的限制，繁殖系数较小，且生根时间较长。

二、压条生根的原理

1. 保持茎与母株的物理附着 母株可以通过完整的木质部和韧皮部向生根区域持续供应水、矿物质、碳水化合物和激素，消除了水分胁迫和养分流失以及与在间歇湿度中长时间难生根茎段插穗相关的代谢物问题。

2. 茎生根区光合产物和激素积累增加 在压条过程中，生根成功的一个重要条件是茎从叶片和茎尖获取碳水化合物和生长素的能力。然而，为了使这种能力最大化，可能需要对茎进行环剥、纵向切皮造成伤口或弯曲。此外，生根过程中添加生长素（如 IBA）可以进一步提高生根率。

3. 生根区茎段遮光 对形成根的茎区域进行遮光在压条过程中较为常见，并且对于压条繁殖且难生根的植物非常重要。压条过程中必须区分白化和黄化，前者是完整茎遮光后生长产生的，后者是在缺少光照的情况下茎伸长时产生的。对开始形成的芽持续覆盖，芽基部约 2.5cm 不能见光。难以生根的植物能通过压条生根，很大程度上是因为黄化和白化的发生。

4. 恢复活力 压条中常用的一种方法是修剪砧木，新梢的基部覆盖遮光，并提供潮湿的生根环境。在接近根系的植物基部快速形成新梢，是难生根植物压条的茎上诱导生根的关键因素。

5. 利用季节效应生根 在压条过程中，季节效应对根的发生和发育至关重要。在多数情况下，压条从春季开始，与上一季的休眠芽相连。压条生根可能要到该生长季节后期才开始，且与碳水化合物和其他物质的积累有关。

三、压条方法

常用的压条方法有以下几种。

1. 简单压条 简单压条是将完整的茎弯曲到地面上，并用土壤或生根培养基覆盖茎基和茎尖之间的一部分，从而形成不定根。该方法可用于每年产生大量新芽的，或者产生根蘖的砧木上。压条通常在早春进行，使用柔软、休眠的一年生茎，容易弯曲。这些茎在距顶端 15～20cm 的位置弯曲并被钉住，呈 U 形状。在 U 形的底部切割或环扎可刺激该位置生根。春天压条的嫩茎通常会在生长季节结束时生根。在夏季压条的成熟嫩茎应保留整个冬季，然后在春天开始生长之前移除，或者留到第 2 个生长季节结束。在生根的一年中，从植物根部生长的新梢在下一个季节用于压条。利用该系统，建立一个由砧木组成的压条床，间隔足够远，以便为所有嫩枝提供压条空间。

2. 复合压条 复合压条与简单压条相似，只是要压条的枝条水平放置在地面上，生根的许多枝条从不同的节点上生长。这种方法曾在欧洲广泛使用，但已被更现代的插穗生根方法所取代。永久性压条床上母株间距 1.8～3m，生长几年以建立良好的根系，然后将整株在距地面 5～10cm 处短截，新发生的嫩枝水平弯曲，并用铁丝钉固定在地面上，形成水平母枝。其上新梢长出约 10cm 时，就在靠近新梢的地方挖一条浅沟，然后将新梢放在沟底，并将其固定。随着新梢的生长，持续覆盖土壤或其他介质。水平母枝交替覆盖和不覆盖，以利于在不同的节点上生根。波浪形压条是这种方法的一种变体，也称蛇形压条。

3. 空中压条 空中压条指用生根培养基包住气生茎，形成不定根。目前已经开发了一种空气压条生根球（高压球），该设备可在空中压条部位打开和关闭。空中压条在春季或夏季当年生枝上进行，在某些情况下，是在夏末用半木质化的嫩枝进行压条，多年生枝不易生根。压条部位上方活性叶片的存在可加快根的形成。环剥、IBA 处理均有利于生根。切割区域被封闭在保持水分和良好通风的介质中是必要条件。根球的大小也很重要，太大的根球含有过多的水分，会抑制根的生长，一般以12cm×8cm为宜。

生根位置也很重要，应在枝条顶部1/3处。高压球两端必须确保没有水渗入。铝箔可用作额外的包裹物，并通过反射阳光帮助保持温和的温度。最早的不定根通常是短粗状，应该等到纤维状次生根的产生。生根需要2～3个月或更短时间。春天或初夏制作的高压球最好留到秋天将休眠嫩芽取出，种植在小容器中。

4. 堆土压条或分蘖 堆土压条法（分蘖压条）是将主干枝压至地面，在其周围堆上土壤或生根培养基，以刺激根部生长。20世纪初，这种古老的苗圃繁殖方法被大规模应用。在繁殖开始前1年，在疏松、肥沃、排水良好的土壤中种植大小合适（直径8～10mm）的分蘖健康砧木，株距30～38cm，但行间距可能因苗圃的不同要求而不同。通常至少需要2.5m的行间距来容纳机械作业。母株被截到距地面45～60cm处，生长1年。翌年在春季开始新的生长之前，主枝短截至地面以上5～10cm。通常在第1年从树冠上长出3～5个新芽，并逐年增多。当这些枝条长出10～15cm时，用土、树皮、锯末或土壤与锯末混合物覆盖每个枝条约一半的长度。当枝条长到20～25cm时，第2次覆盖到约为总长度的一半。第3次也是最后1次操作是在枝条长约45cm时进行的，将嫩枝的基部覆盖到15～20cm的深度。嫩枝应该在生长季节结束时充分生根，可与母株分离。生根的嫩枝在靠近根部的地方被切割，直接移植到苗圃中。第3年嫩枝被切掉后，分蘖床一直暴露在外，直到新的嫩枝长出，开始重复前一年的工作。如果处理得当，分蘖床可以使用15～20年，前提是它保持在良好的状态，病虫和杂草得到控制。选择性的和两年一次的使用可用来激活正在衰退的分蘖苗圃。

5. 沟槽压条 沟槽压条是将母株放置在倾斜位置，以便在沟槽底部水平分布母枝。土壤、树皮、锯末或其他生根材料在新梢发育时被填充到沟槽中，从而导致生根部位一定程度黄化。该方法成功的关键是母株在沟渠中的水平定位，其主要原理是打破果树的顶端优势。育苗圃行间隔65～70cm定植母株。行间距离主要取决于使用设备。这些树以 30°～45°的角度种植，以获得所需的生长量，同时可以压条。母株在第 1 年需建立良好的根系，在生长季结束时，在该行下挖一条 5cm×23cm 的浅沟，将母株枝条压至地平以下，并小心地“钉住”，所有的枝须保持水平，以便产生均匀的新梢。第 2 年成功压条主要取决于遮光处理，母枝在萌芽前须用土壤覆盖，厚度约 2.5cm，随后将生根基质如木屑定期添加到 5～7.5cm，最终深度应为 15～19cm。生根应该在生长季结束前进行。起苗在生长季节结束时，将生根基质（土壤、松果、覆盖物、锯屑）移除，并在靠近原始枝条的地方切断根，留下一个小树桩供次年生长。这一过程在随后的几年中重复进行。正常苗圃应该能维持 15～20 年。沟槽压条程序相对烦琐，主要用于难以通过其他方法繁殖的砧木。

大多数压条方法是田间苗圃作业，一旦建立，可在压条床上持续 10～20 年，正确选择土壤、排水和气候良好的场地至关重要，此外，要使用无病毒、品种纯正的母株。在生根期间，用土壤或其他生根介质覆盖，不仅可以遮挡光线，还可以持续提供水分，保持良好的透气性，还有助于将生根区与极端温度隔离。需要特别注意杂草、病虫害的控制。一般来说，压条需要大量的劳动力，这使得它成为一个高成本的育苗技术。现在已经开发出了特定种类的机械设备，以便于管理大型压条苗圃。

第五章 • • •
嫁接技术

第一节 嫁接的意义

一、保持和发展优良的种性

异花授粉种子繁殖后代，一般不能保持母本原有的特性。因为种子具有父本和母本的双重遗传基因，所以后代会发生性状分离。为了保持母本品种的特性，用优良品种上的芽或枝，嫁接在有亲和力的砧木上，由接穗长成植株，可以保持母本的优良特性，并且生长整齐一致，形成具有较高经济价值的无性系品种。

二、实现早期丰产

无论什么树种，用种子繁殖，其后代结果都比较晚。实生播种的果树之所以结果晚，是种子发芽后长出新苗必须生长发育到一定的年龄才能进入开花结果期。而嫁接所用的接穗都是从成年树上采集的枝和芽，把他们嫁接在砧木上，成活后的枝条已经具有成年树的发育特点，故能提早结果。

三、改变树形

（一）矮化

目前国内外丰产果园多采用矮化密植栽培技术，树体生长矮小紧凑，便于机械化生产，有利于提早丰产和提高果实的质量。利用矮化砧木进行嫁接是促进矮化的主要手段。

（二）乔化

有些果树可以用嫁接的方法达到乔化的目的，使果树生长高大。

四、提高抗性

嫁接法可以利用砧木提高接穗抗旱、抗寒、耐涝、抗盐碱和抗病虫害的能力。

五、高接换头，变劣为优

很多桃园在初建的时候品种选择和搭配不恰当，造成品种混乱或者品种单一，严重影响授粉和结实，进而影响果树的产量和果实的品质。随着新品种的引进和选育成功，有的果园急需更新原有的老品种。桃树寿命较长，进行高接换头可以很好地解决这一问题，并在短期内就可以提高果实的产量和质量。

第二节　嫁接成活的原理

一、形成层和愈伤组织的作用

果树的生长部位包括根尖、茎尖和形成层，这些生长部位确保根、茎的生长和果树的加粗生长。其中形成层是一层薄壁细胞，具有很强的分生能力，形成了韧皮部和木质部。果树嫁接需要切削枝条，在这个过程中接穗伤口处的创伤激素会加速形成层细胞的分裂，伤口在 7d 内会产生浅褐色隔膜，浅褐色隔膜消失后，开始产生愈伤组织，愈伤组织在 10d 后会达到最大量。在这个时候，砧木要产生愈伤组织与其接应，并通过根系输送的营养和水分维持接穗和砧木愈伤组织的生长。愈伤组织的形成不仅能把砧木和接穗之间的空隙填满，还能使双方细胞相连，共享水分和营养，形成共同的、新的形成层、导管、筛管，最终长出新的植株。因此，要想提高嫁接成活率，在接穗和砧木两者间形成大量的愈伤组织，就要保证二者之间的接触面足够大、接触足够紧密。

二、愈伤组织形成的内在因素和测定方法

砧木和接穗形成愈伤组织的情况与二者生活力的强弱有紧密联系，除了要选用新品种外，还要对其生活力进行测定。可选用生长健壮的发育枝进行试验。在要嫁接的接穗上削一个斜面，用不滴水的湿毛巾把它包起来，放到塑料薄膜保湿袋中，放入25℃的恒温箱中，并保持黑暗。在这种条件下保存10d后取出，观察其愈伤组织的形成情况，愈伤组织形成越多，说明其生活力越强。

三、愈伤组织形成的外界条件

外界条件主要包括温度、湿度、空气、黑暗环境4个方面。

(一) 温度

愈伤组织一般在低于15℃的环境中形成缓慢，环境温度为20～30℃时形成较快。不同树种愈伤组织形成的最适温度不同，要根据树种的不同选择合适的嫁接时间。果树芽萌动对温度的要求比愈伤组织形成对温度的要求低，因此砧木芽萌动时先不要嫁接，而是等到开始展叶时再嫁接，这时温度适合愈伤组织的形成。

(二) 湿度

愈伤组织的形成还需要一定的湿度，如果接口处干燥、缺乏水分会导致形成愈伤组织的细胞死亡。要想保持接口处湿润，可用树叶和湿土把接口包起来，这适用于高处嫁接。低处嫁接时可用埋土法，即把接口埋入土中。现在在生产中多用塑料薄膜来包扎接口，操作简单，不仅可以保持接口湿度，还能使砧木和接穗结合更紧密，应该推广。

(三) 空气

愈伤组织的形成还离不开一定的空气，因此要保持接口通气良好。有的果树嫁接时会有伤流液影响通气，可以采取推迟嫁接、用砧木树叶引出水分、放水等方式来解决这个问题。

(四) 黑暗环境

黑暗的环境更有利于愈伤组织的形成。试验发现黑暗中的愈伤

组织比光照中的愈伤组织形成速度快。

第三节　影响嫁接成活率的因素

一、砧木和品种的亲和力问题

我国桃的砧木主要用毛桃和山桃，较少用梅、李、毛樱桃。一般来说，桃砧和桃的亲和力排序是毛桃＞山桃＞梅＞李＞毛樱桃。砧木选择不当会直接导致砧木和接穗亲和力不强或不亲和，苗木成活率低甚至不能成活。

二、砧木苗生长不良

有的育苗者为了降低成本，在单位面积上培育过密的砧木，空间小、通风透光不良、病虫多导致砧木苗生长纤弱，难以达到合格的标准，降低了苗木的成活率。即使成活，也很难育成优质苗。综合考虑育苗效率和成本等因素，西北地区适宜的桃砧木密度为8 000株/亩。

三、接穗质量差，采穗后处理不当

许多果农为了节省时间、追求数量，采集不够健壮、芽体不够饱满充实的接穗，导致苗木的成活率降低。剪下的接穗不去叶或不及时去叶、去叶时不留叶柄、选用塑料布进行包裹保湿等不当的操作方法，造成接穗失水萎蔫和伤芽，大大降低接穗的质量，影响苗木的成活率。

四、嫁接时间不当

桃的物候期早，其愈伤组织形成的适宜温度较低，为20～30℃，在5～32℃的温度范围内，随温度上升，愈伤组织形成加快，超过32℃则会引起细胞的损伤，导致无法形成愈伤组织。有的育苗者选择春季播种，在高温多雨的夏季嫁接，若管理水平跟不上，就会导致苗木失水萎蔫甚至干枯死亡，降低了苗木的成活率。

在大风、低温或下雨条件下嫁接，也会降低苗木成活率。嫁接时期也是影响嫁接成活率的主要因素，北方地区苗木嫁接一般在秋季进行，过早嫁接接穗不充实，砧木的粗度往往达不到嫁接要求，且过早嫁接后接芽易萌发，萌发芽冬季不能很好越冬，嫁接过晚，气温降低，不利于接芽愈合，直接影响苗木成活率。

五、育苗地选择不当

有些果农为图方便，在自己的桃园旁边或者种植过桃树的地块进行育苗，导致种植过桃树地块的雨水流入育苗地中，引起桃根癌病和根结线虫病的发生，也会降低苗木的成活率。

六、嫁接方法不当

许多果农常用的嫁接方法是切接，但切接不是桃树最佳的嫁接方法，而且在高温高湿的气候条件下，剪断后的砧木顶部容易失水，导致苗木枯死。

七、嫁接过程操作不当

削芽速度慢、接芽接口处不平滑、刀不够锋利、削下的接芽没保湿或放置时间过长等都会降低接芽的质量，有些嫁接工为了操作快，接穗的韧皮部形成层没有与砧木的韧皮部形成层对准就开始绑膜，导致嫁接质量差，这些都会降低苗木的成活率。

八、不同包扎方式

在嫁接过程中不同的包扎方式对嫁接成活率也有一定的影响。包芽包扎有利于提高接芽伤口温度，有利愈合。但包芽包扎时春季萌芽前需要解除包扎膜，以免接芽不能破膜而出，也要避免膜内升温导致接芽闷死。北方秋季雨水偏多，露芽包扎后部分接芽会因雨水渗入而发生霉烂，当包扎不严时，接芽水分散失较快，也会导致成活率降低。但露芽包扎省去了春季破膜的烦琐。实践表明，包芽包扎嫁接更有利于愈合。

九、解绑及剪砧不及时

嫁接时，可以将芽眼露出薄膜外，也可以将芽绑在薄膜里，但成活后一定要适时解绑。解绑过早，接芽容易枯死；解绑过迟，会影响接芽的生长发育。接芽成活后，没有及时剪砧、折砧和抹芽或剪砧不当，都会影响接芽的生长，使接芽迟迟不能老熟和强壮，不易抵抗病虫危害和不良气候的影响。

十、水分管理不及时

苗圃排水不及时，造成积水而发生涝害，使砧木根部受伤，从而影响苗木的成活率。干旱缺水时砧木对水分的需要无法得到满足，因此无法制造养分以供接芽生长发育的需要，严重时会导致接芽干枯。

第四节　嫁接前准备

一、嫁接用具

嫁接需要专业的工具和用品。根据不同的嫁接方法，嫁接时所用到的工具有所不同。芽接需要芽接刀、修枝剪、塑料薄膜等；枝接需要修枝剪、嫁接刀、塑料薄膜、塑料袋等；大树枝接、高接需要云梯、手锯、修枝剪、嫁接刀、塑料薄膜、塑料袋等。必要的时候会用到锤子、劈刀等。这些嫁接工具在嫁接前要准备好，并进行消毒处理。塑料薄膜一般以聚氯乙烯薄膜为好，一般剪成条状，芽接时剪成宽1～1.5cm、长20～30cm的塑料条。

二、接穗采集和贮运

采集接穗应根据生产品种区域化的要求，选择适于当地自然条件和生产水平的优良品种。母树必须具备品种纯正、丰产、稳产、优质、健壮、无检疫对象的特性。接穗应以树冠中上部及外围发育充实饱满，且无病虫害的长果枝或徒长性果枝为好。将采集好的接穗捆扎成捆，挂标签标明品种名称、采集时间、采集地点和数量。

（一）休眠枝采集

春季嫁接所用接穗结合冬季修剪采集。接穗按品种每 50～100 条捆成一捆，标明品种、数量，埋于地窖或冷库的湿沙中备用。

（二）休眠枝蜡封方法

蜡封接穗的目的是减少接穗贮藏期间的水分蒸发，保证接穗的生活力，蜡封接穗一般用于处理休眠期采集的接穗。接穗采集后按所需的长度进行剪截，接穗一般长 10～15cm，粗的稍长些，细的不宜过长，保留 3 个芽以上，且顶端须有饱满芽。剪接穗时应注意剔除损伤、腐烂、失水及发育不充实的枝条。封蜡时先将工业石蜡放在较深的容器内加热熔化，待蜡温达到 95～102℃时将剪好的接穗一头迅速在蜡液中蘸一下，时间在 1s 以内，再换另一头速蘸。要求接穗上不留未蘸蜡的空间，中间部位的蜡层可稍有重叠。注意蜡温不要过低或过高，过低则蜡层厚易脱落，过高则易烫伤接穗。蜡封接穗要完全冷却后再收集贮存，可放在地窖或冷库中低温高湿贮存。

（三）带叶接穗采集

夏、秋季嫁接所用的接穗最好随采随用。采下的接穗，摘去叶片，留下叶柄，防止水分蒸发，保证芽的生活力。然后按品种挂上标签，放在潮湿冷凉的地方，盖以湿草袋或麻袋保湿。少量不能及时嫁接的接穗也可放在冰箱、冷库内暂时贮存。

第五节 嫁 接

一、嫁接时间

桃树嫁接，一定要在树液流动速度慢的情况下进行，但因地域不同，嫁接时间也有所不同。苗木的嫁接一般分 3 个时间段，早春嫁接、夏季嫁接以及秋季嫁接。早春嫁接一般在果树萌芽前进行，夏季嫁接在接穗芽分化后进行，秋季嫁接在初秋时进行。桃树嫁接愈合期适宜的温度为 20～26℃。在我国辽宁大连，华东、华中、华南以及西南地区，毛桃是桃树普遍应用的砧木类型，桃树嫁接当年出圃，这些地区桃树嫁接一般在5月中下旬至6月下旬进行，此时树液流动旺盛，采穗母本树枝梢已形成。具体嫁接时间应根据砧木的生长情况以及接穗枝条的成熟度来确定。一般砧木苗基部粗度达到0.4cm以上时即可进行嫁接。在我国陕西、甘肃、宁夏、青海、新疆、山西、河北、北京、山东、辽宁、吉林等省份采用山桃作砧木，一般在秋季嫁接，少数较为寒冷的地区在春季树液流动后嫁接。

二、嫁接方法

嫁接实际上仍然是桃品种繁殖技术之一。近年来，人们已经尝试利用“自生根”桃和油桃品种，但在大多数情况下，砧木嫁接是常用的方法。虽然有许多不同的嫁接技术，但芽接是桃应用最广泛的嫁接技术。嫁接能否成功取决于3个条件：①接穗和砧木的嫁接亲和力，确保牢固、持久和有效结合。②接穗和砧木形成层之间的对应和紧密接触。③砧木和接穗形成层的活性恢复，嫁接操作完成后立即开始融合过程。

嫁接的方法，按所取材料不同可分为枝接、芽接2类。

（一）枝接

枝接就是把带有数个芽或1个芽的去叶枝条作为接穗接到砧木上。枝接的优点是成活率高、嫁接苗生长快，特别是在砧木较粗、砧穗均不离皮的条件下多用枝接。根接和室内嫁接也多采用枝接法。

枝接的缺点是操作技术不如芽接容易掌握，而且用的接穗比芽接多，对砧木也有一定的粗度要求。枝接的方法又分劈接、切接、插皮接、腹接、舌接、合接、靠接等。

1. 劈接 劈接特别适用于果树的高接，无论在小树的主干或大树的侧枝上都可采用。劈接可在树木休眠期进行，但嫁接成活率最高的时期还是在早春，即砧木芽开始膨大、尚未开始生长活动的时期。

将砧木在嫁接部位剪断或锯断。剪或锯砧木时，截口的位置很重要，要使留下的砧木从顶至下有一定长度内无节疤、表面光滑、纹理直通，否则劈缝不直。剪或锯砧木后，用劈刀从砧木中心纵劈一刀，深 2～5cm，依砧木种类、大小等而异。劈口时不要用力过猛，可把劈刀放在劈口部位，轻轻敲打刀背。

接穗剪成长 5～10cm，需带有 2～3 个芽。基部削成楔形，有 2 个对称的削面，削面长度比砧木的劈口深度短些或相同，所以不一定将楔形的尖端削得很尖。砧木直径大于接穗直径时，接穗外侧要比内侧稍厚，这样当接穗插进砧木劈口后，砧木的夹力会使接穗外侧的形成层与砧木的形成层紧密接触。当砧木与接穗的粗度一致时，接穗的内外侧厚度应一致。

削接穗时，应用左手握稳接穗，右手推刀斜切入接穗。推刀用力要均匀，前后一致，推刀的方向要保持与下刀的方向一致。如果用力不均，会使削面不平滑。一刀削不平，可再补一刀，使削面达到要求。最好两面都是一刀削成。再用刀把砧木劈口撬开，将接穗轻轻地插入砧木，使接穗厚侧面向外，薄侧面向里。插时要特别注意使砧木形成层和接穗的形成层对准。在砧木粗于接穗的情况下，砧木的皮层比接穗的厚，所以接穗的外表面要比砧木的外表面稍微往里移，这样两者的形成层才能吻合。也可以以木质部为标准，使两者的木质部表面对齐，这样形成层也就对上了。如果砧木直径大大超过接穗，可在砧木两侧各接入一个接穗。接合后就进行绑扎或封蜡，要将劈缝和截口全部都包扎严实。

2. 切接 把接穗基部削成 2 个面，一长一短，长削面削掉 1/3 以上的木质部，长 2～3cm，在长削面的对面削成长约 1cm 的短削面。

将砧木从距地面 8～20cm 处剪断，再按照接穗的粗度，选择适合的位置，用刀自上而下劈开一条裂缝，深度与接穗的长削面相同。

把接穗长削面向里，插入砧木劈口，两者形成层对准靠齐，如果不能两边同时对准，对准一边亦可，然后绑扎或封蜡。为防止失水，最好用一个小的塑料袋把接穗和接口套住，下面绑紧，待接穗抽生新梢后再把塑料袋去掉。

3. 靠接 靠接时，接穗与砧木都要留有自己的根系，待嫁接成活后，才剪去接穗下部。

选择充实适当的接穗，于高度与砧木配合恰当之处，削去表层树皮，露出大部分形成层及部分木质部。

选择与接穗配合之高度相对位置处把树皮削去，削面大小与接穗的一致。剪除砧木上端。

将接穗与砧木的削面靠合对准，固定绑紧。待完全成活后，才将接穗下部剪断。

（二）芽接

枝接常用带有几个芽的短枝作接穗，芽接只用一个芽和一小块带木质部或不带木质部的皮作接穗。通常采用的芽接方法取决于离皮状况。离皮表示皮层与木质部分离，它指的是在植物迅速生长期，形成层细胞迅速分裂，新形成皮层容易从木质部撕开这种情况。离皮从春季生长开始到秋季停止生长为止。缺水、落叶或低温等不利的生长条件会使皮层紧缩而严重影响芽接工作。芽接比枝接更省接穗，操作也更简单快速，在接芽不活的情况下砧木仍可进行补接。芽接还适合在砧木苗比较细的情况下使用。

1. T形嫁接法 该方法适宜在生长季砧木和接穗离皮时进行，嫁接成活率高。

在选定的接穗芽上方0.5～1cm处横切一刀，再在芽下方1～1.5cm处斜向上削一刀，削成一个上宽下窄的盾形芽片，捏住叶柄左右轻用力取下芽片。

选择砧木基部皮层光滑部位横切一刀，再从横切口中间向下垂直切一刀，长1.0～1.5cm，深度以切断砧木皮层为度，形成一个T形切口，然后用刀挑开砧木皮层。

将削切好的盾形芽片插入T形切口中，叶柄朝上，使芽片上部横切面与砧木横切面的皮层紧密对齐，最后用塑料绑带自下而上绑缚，露出芽和叶柄。

2. 带木质部芽接法（嵌芽接） 带木质部芽接法也称嵌芽接，适宜在生长季和休眠期以及砧木和接穗不离皮时进行。

嫁接时在接穗上芽的上部1.5～2cm处向下纵向削一刀，至芽下1cm处，再在芽下0.8～1cm处以45°角斜切一刀，取下削切好的长2.5cm左右的盾形芽片。

在砧木离地面10～15cm处，从上往下纵向削一刀，长2.5～3.0cm，再在下部横向斜削一刀，深达木质部，取下带木质部切片。注意使砧木切口大小与接穗芽片大致相近，一般以切口稍长于芽片为好。

将接穗芽片嵌入砧木切口，对齐形成层，向下推紧，使芽片韧皮部至少有一边与砧木切口韧皮部对齐，用塑料绑带自下而上绑缚，芽眼露出。

（三）试管嫁接（微嫁接）

这是一种在试管中进行的嫁接技术，有助于某些品种从病毒感染中恢复，而不会对遗传和品种特性造成任何影响。核果类首次采用该方法是将其应用于一些对长期热处理敏感的桃、扁桃和樱桃品种。这项技术包括将试管中培养的砧木植株剪去顶端，然后将要嫁接的栽培品种尖端的0.2～0.3mm部分嫁接在其上。在移栽前，将微嫁接的植株在培养基中保持5～6周。这项技术的成功取决于许多重要因素，包括母体植物的物候状态、所利用的砧木和基质、微移植物生长条件以及植株对外部环境的适应。

（四）嫩枝接

这是一种将从试管培养品种中收集的茎尖嫁接到非常嫩的砧木（直径只有几毫米）上的技术。砧木可以通过传统技术或组培繁殖生产，并种植在塑料容器中。这种类型的嫁接是在组培试管外进行的，比试管嫁接要简单得多。因此，这是一种繁殖效率更高的技术，它比试管嫁接更适合大规模繁殖。砧木在距土壤约10cm处被切断，纵向切割顶部，接穗的基端切成V形或楔形，然后将接穗插入砧木中并用透气膜捆扎。嫁接在空气相对湿度高、温度可控的温室中进行，这种嫁接的主要优点是1年内就可以获得成苗。

第六节　嫁接苗的管理技术

嫁接后的管理是苗木嫁接中一项十分重要的工作，管理水平的高低直接影响到嫁接苗木的成活率与正常发育。管理做不到位，会导致嫁接后接穗芽萌发较晚，萌发后苗木生长缓慢，苗木出圃时难以达到合格标准。因此，加强苗木嫁接后管理，并采取有效的技术措施，保障苗木正常生长发育，是提高嫁接苗木的成活率和质量的关键。

一、检查成活

嫁接苗木成活情况的检查时间因具体的嫁接方法不同而略有不同。对于枝接嫁接苗通常在接后20～30d便可检查其成活情况。若接穗上的芽已萌动，或虽未萌动但芽仍保持新鲜、饱满，接口已有愈合趋势，则说明嫁接苗木成活；反之，若接穗干枯，开始变黄变黑，则说明接穗已死亡，嫁接失败。对于芽接，一般在接后7～15d即可检查嫁接苗成活情况。若接芽表面湿润，鲜绿且有光泽，叶柄用手指轻触即掉，则说明苗木已成活；若接芽表面干枯，叶柄皱缩，触碰不落，则说明未成功接活。对于未成活的嫁接苗木，需在砧木尚能离皮时及时进行补接，过迟则会影响成活。

二、解膜剪砧

嫁接方法不同，解膜的时期也不尽相同。对于春季枝接的桃树苗木，一般在接芽开始萌发时，用刀尖在芽眼旁边划破薄膜0.5～0.7cm，待第1次新梢木质化后或出圃时即可解膜。对于秋季嫁接的苗木，需在翌年春季苗木萌芽前解膜，同时还需进行一次性剪砧，这样才能确保接芽萌发整齐，生长迅速。解膜时需靠近芽眼，以免嫩梢卷缩在薄膜内难以抽出。对于当年初夏芽接、当年出圃的桃树苗木，在芽接成活后，可通过先折砧后剪砧的方法来促进接芽的萌动和生长发育。折砧后除萌，待接芽长至一定长度（10cm左右），部分新叶开始转绿后再进行剪砧，否则会使果树苗木的成活率受到很大影响。剪砧时剪口要平滑，且在接芽上部 0.5～1cm 处，并稍向接芽对面倾斜，以免影响接口愈合。

三、抹除萌蘖

当苗木嫁接剪砧后，砧木基部会生长出大量的萌蘖。萌蘖生长快会消耗过多的养分和水分，若不及时抹除，会影响嫁接苗木的生长发育，甚至会导致嫁接苗木因养分供应不足而死亡。因此，必须及时抹除砧木萌蘖，以促进接芽萌发和新梢迅速生长。萌蘖抹除需进行多次，第 1 次萌蘖抹除通常在嫁接后 7d 左右进行，以后可在发现砧木生长出萌蘖时及时予以抹除。通常萌蘖抹除进行 3～4 次后，接穗开始进入旺盛生长时期，这时砧木萌蘖基本已停止生长，不会影响嫁接苗木的生长。但需要注意的是，在抹除萌蘖时最好不要碰伤嫁接部位和接穗，否则会大大降低苗木嫁接成活率。

四、立支柱扶苗

嫁接后的桃树苗木根系较浅，枝条细嫩、脆弱，木质化程度相对较低，容易被大风吹断或被其他机械损伤，因此，在风口地带，当新梢长到一定长度后，需设立支柱扶苗，可用塑料绑带将苗和支柱捆成∞形，随苗木生长高度的增加而增加捆扎次数，以防风吹摇动伤根，影响成活率。桃树一般在嫁接芽生长至 30cm 左右时设立支柱，以防风折。

五、摘心去叶

嫁接苗木生长到一定高度时应及时进行摘心整形，以调整苗木长势，提高苗木质量。对于长势强的苗木，通过摘心可使其停止生长，缓解顶端优势，使枝条充实、匀称、丰满，安全过冬。桃树新梢长到 30～50cm 时，需进行第 1 次摘心，选择适当的副梢或芽的上方摘去顶心，以控制外围延长枝生长。

六、土肥水管理

嫁接成活后，要注意嫁接苗木的土肥水管理，以确保苗木正常生长发育。要及时清除杂草，疏松土壤，确保土壤的通透性。苗木生长发育需大量肥水，要及时施肥，施肥时以农家肥为主，辅以适量的氮、磷、钾肥，以满足嫁接苗木生长需要。同时施肥时要遵循“薄肥勤施，少量多次”的原则，以确保肥水均匀，平衡供应。另外，当苗木进入迅速生长期后，要适时追肥，翻压补肥，以保证苗木健壮生长。若发现苗木缺肥缺素，要及时进行叶面喷肥，以促进叶片转绿。喷肥前要先进行试喷，观察有无药害，喷肥过程中雾滴要细而匀，不要使叶片边缘积累药液，否则会因药液的蒸发浓缩而使叶缘受害。

七、病虫害防治

苗木病虫害的发生与各种病原菌和害虫的繁殖规律及生物学特性有关，虽然有规律可循，但发生的原因与潜伏侵染的过程常常是非常复杂或不易察觉的，因此，病虫害防治始终要坚持“预防为主，综合防治”的原则，认真搞好病虫害预测预报和防治工作，一旦某种病虫害发生，要及时加以控制，以免扩大成灾，做到“治早、治小、治了”。因此在桃苗木繁育之前就要做好苗圃地的病虫害预防工作。桃苗木根部病害主要有立枯病、根腐病、根结线虫病、根瘤病，害虫主要有地老虎、蛴螬、蝼蛄、金针虫等，这些害虫寄主广，常造成苗圃缺苗或使幼苗生长不良。叶部病害主要有锈病、白粉病，害虫主要有蚜虫、叶螨等。

第六章 • • •
病虫害防控

在桃苗木繁育的过程中，各种土传病害、枝叶病害以及枝干害虫、食叶害虫、地下害虫等严重影响着苗木的生产。苗圃中的苗木多半为幼苗，抵御病虫害的能力有限，一旦受到病虫害的侵袭，会严重影响到苗木的产量和质量，给苗木的生长和存活造成不良影响。

桃苗圃中的病虫害隐蔽性强，不容易被发现。这些病虫害常被忽视，待到病虫害发展到一定程度，病情瞬间暴发，使苗圃中的苗木遭受重大的伤害。例如疫病菌、根腐病菌、腐霉菌和丝核菌等，它们一般在地下腐烂的植物中和土壤中寄生，还有一些害虫也在土壤内生活，例如地老虎、蝼蛄、蛴螬等，这些病虫害往往会对苗木的生产造成严重损失。苗圃内往往是同一品种大面积栽种，株距小，种植密度大，这种情况给病虫害的传播创造了条件。而病虫害的传播能力往往都比较强，只要条件具备，就会迅速扩散蔓延，难以控制。病虫害发生以后往往在短时间内迅速蔓延，造成整片的苗木被侵染，增加病虫害防治的难度，对苗木生产不利。

桃树连作障碍比一般果树都严重，主要原因是种植桃树后土壤微生态失衡，桃树残根分解产生大量化感物质，这些物质主要是氢氰酸、甲醛等，能够抑制重茬树根系的呼吸作用，并能杀死幼根和新根。还有土壤中的病原菌及线虫等的危害也能造成连作障碍。桃树重茬地育苗通常表现出苗木生长衰弱、出苗率低或生长一段时间后苗木突然死亡等异常现象，苗木还会出现新梢短、叶片黄、须根少、流胶、溃疡、木质部和韧皮部变褐等症状。因此，在桃苗木繁育过程中，切忌选择前茬为果树的地块进行育苗，尤其是前茬为桃、杏、梅、樱桃等核果类果树。

当前，我国在苗圃病虫害防治方面仍然以化学防治为主，长期使用农药防治病虫害，导致害虫抗性提高、天敌被害，大量使用农药还会加重环境污染。因此在防治苗木病虫害的过程中，应坚持“预防为主、综合防治”的原则，否则很难有效防治苗木病虫害。

2018 年，国家桃产业技术体系对全国各桃产区育苗企业进行调查，在我国，由于产区环境及生产制度的不同，不同的桃产区苗木生产所发生的病虫害种类和发生程度都有着很大差异。正确认识和防治这些病虫害，最大限度地保护苗圃内苗木的正常生长，保证和提高苗木的质量，减少经济损失，是每个桃育苗工作者共同面对的话题。据调查，在我国新疆、甘肃、宁夏、陕西等省份的桃产区，桃苗圃主要病害有立枯病、流胶病、根腐病、细菌性穿孔病等；在河北、山东、河南、山西、北京等省份的桃产区，桃苗圃主要病害有细菌性穿孔病、炭疽病、流胶病、根瘤病、线虫病等；在江苏、浙江、上海、安徽、江西、湖南、湖北、四川等省份的桃产区，桃苗圃主要病害有立枯病、流胶病、茎腐病、线虫病、炭疽病等；在广西、广东、福建等省份的桃产区，桃苗圃主要病害有根瘤病、缩叶病、细菌性穿孔病、立枯病等。总体来说，立枯病、细菌性穿孔病、流胶病、炭疽病、根瘤病、茎腐病、根腐病和线虫病等是我国桃苗木生产中比较常见的几种病害。

第一节　主要病害及其防治

一、立枯病

立枯病在我国各桃产区苗圃中均有发生，严重危害桃幼苗的生长，给桃苗木产业发展造成了极大的影响。幼苗出土期或出土后，苗木密集或湿度大，被病原菌侵染引起茎叶腐烂，或是在播种后出苗前，种芽在土中被病原菌侵染引起种芽腐烂，表现为缺苗断垄，或是在苗木木质化后，病原菌自根部侵入，使根部皮层变色腐烂，病苗枯死。

防治措施：选择质量好的种子，播种前消毒处理，或使用隔冬埋藏处理的种子；加强苗期管理，合理把握苗圃用水量，确保适宜的湿度；均匀施用肥料，不施用未充分腐熟的厩肥或过量施用氮肥；当苗床湿度较大时，可用药剂施于苗木根颈部；苗期防治可用30%噁霉灵可溶粉剂1 000倍液或70%敌磺钠可溶粉剂800～1 000倍液，施药时尽量采用浇灌法，让药液充分接触受损的根颈部位。对于根系受损严重的，配合使用促根调节剂，防治效果更佳。

二、细菌性穿孔病

桃树细菌性穿孔病是一种蔓延非常快的病害，一般在5月上旬开始发生，主要危害叶片，也会危害枝条。多发生在靠近叶脉处，初生水渍状小斑点，逐渐扩大为圆形或不规则形病斑，直径2mm，褐色或红褐色，周围有黄绿色晕环，以后病斑干枯、脱落形成穿孔，严重时导致早期落叶。苗木枝干染病，在当年生嫩枝上产生水渍状紫褐色斑点，圆形或椭圆形，中央稍凹陷，然后皮层纵裂发生溃疡，病斑多时可使枝条枯死。

病原菌发育适温为24～28℃，致死温度为51℃。病原菌在干燥条件下可存活1～13d，在枝条溃疡组织内可存活1年以上。一般年份在雨季病情发展较快，夏季干旱时发展缓慢。果园地势低洼、排水不良、通风透光差则发病重。

防治措施：加强苗圃管理，注意排水，增施有机肥，避免偏施氮肥；合理规划育苗密度，使苗圃通风透光，增强苗木长势，提高苗木抗病性；及时清除苗圃内枯枝杂叶，保持苗圃内干净；发芽后喷硫酸链霉素，除对细菌性穿孔病有效外，还可防治蚜虫、介壳虫、叶螨等。

三、根瘤病

根瘤病是桃树上发生较为普遍的细菌性病害之一，重茬地容易发病。病原菌在桃树根部或枝干部引起组织增生，形成大小不一的肿瘤，初为乳白色或稍带红色，光滑柔软，球形至扁球形，融合后多呈不规则形，后逐渐变成褐色至深褐色，表面粗糙且凹凸不平。患病的苗木根系发育不良，根系很少，地上部分明显受抑制，植株矮小，结果很慢，严重时叶片黄化、早落。病原菌主要靠雨水及灌溉水传播，嫁接工具、机具、地下害虫等亦能传播。远距离传播的主要途径是苗木调运。pH 大于 7 的碱性土壤更利于发病，排水不良的土壤比疏松、排水良好的沙质壤土发病重，根部伤口越多发病越重。

育苗地应选择未感染根瘤病的地块，土壤疏松、排水良好，尽量避免选择盐碱地，碱性土壤的园地应适当施用酸性肥料。如已感染病原菌，起苗后捡除土内残根，与不感病农作物轮作，并每公顷施用硫酸亚铁或硫黄粉 5～15kg 消毒。

生物防治是目前防治桃树根瘤病较有效的方法，但是生防制剂的使用应以预防为主，病害一旦发生，治疗效果不是很理想。在育苗时使用根瘤菌的生防拮抗菌剂浸泡桃核后播种，定植前应使用根瘤菌的生防拮抗菌剂对桃苗进行浸根或灌根处理。苗木嫁接时嫁接工具用 75%酒精浸泡消毒。注意防治地下害虫，田间作业时避免苗木产生各种机械伤口。加强对苗木接穗、插穗、桃核等繁殖材料的检测和管理，这是预防和控制桃根瘤病的重要措施。苗木一经发现感染了病原菌，应立即销毁，防止病原菌的传播和蔓延。

四、炭疽病

炭疽病在苗圃中侵害叶片和新梢。叶片染病产生淡褐色圆形或灰褐色不规则形病斑，其上产生橘红色至黑色粒点。后病斑干枯脱落穿孔，新梢顶部叶片萎缩下垂，纵卷成为管状。发病严重的枝条常枯死。该病危害时间较长，在桃苗木的整个生长期间都可侵染危害。病原菌侵入寄主后，在表皮下形成分生孢子盘及分生孢子，分生孢子通过雨水溅散或由昆虫传播，引起再次侵染。低温多雨或多云多雾、高湿环境易发病。

选择远离病源的地块建苗圃。清除苗圃内病梢、枯死枝，清扫落叶和地面病残体并深埋于坑内。前一年发病重的苗圃在发芽前细致喷洒 5 波美度石硫合剂＋多菌灵，消灭越冬病原菌。生长季节发病初期可用 97%咪鲜胺可湿性粉剂 800～1 000 倍液，或 70%甲基硫菌灵可湿性粉剂 600～800 倍液，或 10%苯醚甲环唑水分散粒剂 2 500～3 000 倍液，或 50%咪鲜胺锰盐可湿性粉剂 500～1 000 倍液防治，隔 7～10d 喷 1 次，连喷 3～4 次。

五、根腐病

根腐病由腐霉菌、镰刀菌、疫霉等多种病原菌侵染引起。苗木被侵染后根部腐烂，对水分和养分的吸收能力减退，最后全株死亡。根腐病主要危害幼苗，成株期也能发病。早期一般不表现出症状，后期随着根部腐烂程度的加剧，水分和养分吸收受阻，新叶先发黄，在中午前后光照强、叶片蒸发量大时，植株上部叶片才出现萎蔫，但夜间又能恢复。病情严重时，萎蔫状况夜间也不能再恢复，整株叶片发黄、枯萎，此时根皮变褐，并与髓部分离，最后全株死亡。

避免选择在重茬、地势低洼、土壤黏重、排水不良的地块建苗圃，加强苗圃管理，保持苗圃通风透光，防止苗圃内积水。加强对地下害虫的防治，减少苗木根部伤口，避免病原菌侵染。合理密植，做好间苗工作。发现病株应及时拔掉烧毁，可使用青枯立克＋大蒜油＋沃丰素进行灌根杀菌，重点在毛细根区，以灌透为目的，药液渗完后薄覆表土，然后喷施叶面肥，补充营养。

六、茎腐病

茎腐病是桃幼树主要病害之一，主要危害桃树根颈部，幼苗出土后木质化程度低，尤其在无遮阳措施、不能及时浇水降低地表温度的情况下，更易感染。病原菌侵入苗茎后，形成褐色斑点，病斑逐渐扩大，引起茎部腐烂，呈猝倒状。夏季连续降水和持续高温，使苗木茎部灼伤，促进了根腐病的发生，苗木茎部变褐色，内皮层组织腐烂，逐渐扩展至根部，叶片逐渐死亡下垂。

新建苗圃应选择排水良好的沙壤土地块，在种植前浇灌1%硫酸铜溶液。苗圃应注意排水，防止暗涝，管理环节尽可能减少苗木根颈部伤口。发病区域可用58%甲霜灵可湿性粉剂800～1 000倍液或40%三乙膦酸铝300倍液灌根。高温季节若降水量很大，空气相对湿度大，则桃茎腐病容易大暴发，应提前做好防治准备。发病后应及时喷洒50%甲基硫菌灵可湿性粉剂1 500倍液，或50%多菌灵可湿性粉剂500倍液，或40%灭菌灵（多菌灵+甲霜灵）乳油400倍液，隔10～15d喷1次，连喷2～3次。

七、根结线虫病

根结线虫病以寄主根部形成根瘤为特征。桃苗木感病后根部形成许多大小不等的瘤状物（虫瘿），剖开瘤状物可见到无色透明的小粒（根结线虫的雌虫），它刺激根部产生肿瘤至腐烂，所造成伤口利于其他微生物的入侵。发病植株的根短，侧根和须根很少，发育差。地上部分，染病较轻的苗木一般症状不明显，染病较重的苗木叶片黄瘦，枝叶缺乏生机，似缺肥状，长势差。线虫在土壤内越冬，由水流、操作工具等传播。土温25～30℃、土壤含水量为40%左右时最适宜根结线虫发育。中性沙质壤土发病严重。

在发现根结线虫的苗圃中，可喷施1.8%阿维菌素乳油2 000～3 000倍液，然后用钉耙混土，也可施用石灰氮，以杀死土壤中的根结线虫。生产中加强苗木检疫，不从疫区调运苗木。在苗木繁育过程中可进行土壤消毒，常用药为10%噻唑膦颗粒剂（每亩1.5～2.0kg）。重病地块实行轮作，间隔期2～3年。

第二节　主要虫害及其防治

害虫也是影响我国各桃产区苗木高质量生产的主要因素。在新疆、甘肃、宁夏、陕西等省份的桃产区，害虫主要有蚜虫、梨小食心虫、叶螨、苹小卷叶蛾、蛴螬、蝼蛄、金针虫等；在河北、山东、河南、山西、北京等省份的桃产区，害虫主要有蚜虫、梨小食心虫、叶螨、苹小卷叶蛾、蛴螬、蝼蛄等；在江苏、浙江、上海、安徽、江西、湖南、湖北、四川等省份的桃产区，害虫主要有梨小食心虫、叶螨、蚜虫、蛴螬、蝼蛄等；在广西、广东、福建等省份的桃产区，害虫主要有蚜虫、梨小食心虫、叶螨、蛴螬、地老虎、蝼蛄、金针虫、介壳虫等。

一、蚜虫

蚜虫作为危害桃树叶片的主要害虫之一，在我国大部分桃树主栽区都有发生。目前对桃树危害较大的蚜虫主要是桃蚜、桃粉蚜以及桃瘤蚜 3 种。不同的蚜虫危害症状存在一定的差别，桃蚜主要以成虫和若虫的形式群居于桃树芽、叶片以及嫩梢部位，受其危害叶片的叶背会呈现不规则卷曲状，时间久了就会自然脱落。桃蚜也是多数病毒病的传播媒介。

蚜虫的捕食性天敌主要有七星瓢虫、大草蛉、小花蝽、黑带食蚜蝇等，寄生性天敌主要有桃蚜茧蜂、蚜虫跳小蜂、菜蚜茧蜂等。早春气温回升快，会造成蚜虫卵孵化时期提前，繁殖代数增加，危害程度较大。而育苗区域昼夜温差大，嫩梢以及叶片生长缓慢，有利于蚜虫的孵化、繁殖以及扩散。

针对桃苗圃蚜虫的防治，建议要采用农业防治与化学防治相结合的方式，但也不能忽略生物防治的作用。注意保护捕食性天敌和寄生性天敌。春、夏季苗圃内蚜虫大发生时可以通过喷洒吡虫啉、啶虫脒、阿维菌素或者菊酯类农药进行防治。

二、梨小食心虫

梨小食心虫在桃苗木上主要危害苗木幼嫩新梢。梨小食心虫危害新梢时，多从新梢顶端叶片的叶柄基部蛀入髓部，由上向下蛀食，蛀孔外有虫粪排出和树胶流出，被害新梢的叶片逐渐凋萎下垂，最后枯死。梨小食心虫每年发生 3～5 代，以老熟幼虫在果树枝干干裂皮缝隙中及主干基部表土下结茧越冬。雨水充足、湿度较大的年份有利于害虫发生。

苗圃应尽可能避开混栽果园区域。生长季一旦发现圃内新梢尖端叶片变色萎蔫，应立即剪去新梢，深埋处理，力争把幼虫消灭在转梢危害前。苗圃内悬挂梨小食心虫性诱剂诱杀雄虫，一般每亩悬挂诱芯 8～10 个即可。生长季结合田间梨小食心虫成虫监测，掌握各代成虫产卵孵化高峰期，然后进行喷药防治。一般每代应施药 2 次，间隔 10d。防治梨小食心虫效果较好的药剂有氯虫苯甲酰胺、溴氰虫酰胺、甲维盐、毒死蜱、啶虫脒、高效氟氯氰菊酯。

三、叶螨

叶螨主要危害叶片，吸取植物的茎叶汁液，使受害部位水分减少，表现失绿变白，叶表面呈现密集苍白的小斑点，叶片卷曲发黄。严重时苗木出现黄叶、焦叶、卷叶、落叶和死亡等现象，天气炎热干旱，尤其在连日晴热无雨的情况下，发病更严重。叶螨 1 年可发生 12～20 代。叶螨有趋嫩绿性，当新梢长出后，老叶上的害螨向新梢转移。叶螨在高温干旱气候条件下繁殖迅速，繁殖系数大，世代频繁，一片叶上会同时有卵、幼螨、若螨、成螨 4 种形态。

苗圃内定期浇水，有目的地降低田间温度，提高湿度，降低叶螨的繁殖速度。平时应注意观察，发现苗圃内桃叶片颜色异常时，应仔细检查叶背，及早喷药。在施药时加入具有消除抗性作用的有机氟增效剂，避免叶螨产生抗药性。前期施药时可以加入红菌富硒肽酶，利用多种生物菌及硒肥穿透叶螨的卵细胞壁，从而减少叶螨的发生。可用阿维菌素·哒螨灵、苯螨特、四螨嗪、扫螨净、三唑锡等进行喷药防治。

四、蛴螬

蛴螬是小青花金龟、白星花金龟、铜绿丽金龟、华北大黑鳃金龟以及苹毛金龟子等金龟类害虫幼虫的统称，在地下取食植物的根部。苗圃中苗木根系弱小，受到蛴螬啃食后往往导致苗木死亡。

苗圃内及时清除杂草，秋末大水冬灌，使用充分腐熟的有机肥作基肥。苗圃周围种蓖麻，或苗圃内间种蓖麻，对金龟子有诱食毒害作用。发现蛴螬危害时可用 40%甲基辛硫磷乳油 1 500～2 000 倍液浇灌苗圃地，7～10d 浇 1 次，连续浇 2～3 次。此外，也可利用蛴螬的天敌如食虫虻幼虫、寄生蜂、寄生螨、寄生蝇等以及病原微生物绿僵菌、乳状杆菌等来防控蛴螬。

五、蝼蛄

蝼蛄分布于全国各地，食性杂，危害严重。蝼蛄的成虫和若虫直接啃食苗木的根系和嫩茎，导致苗木的根系和嫩茎受损，养分和水分的吸收和运输过程受到阻碍，最终使苗木死亡。同时蝼蛄的成虫和若虫在土下活动时，不断挖掘隧道，导致苗木的根部和土壤分离，从而使苗木无法从土壤中获得足够的养分和水分，最终导致苗木枯死。

施用充分腐熟的有机肥，深耕、中耕也能减轻蝼蛄的危害。夏季使用黑光灯诱杀若虫，或用 40%乐果乳油、90%敌百虫原药 0.5kg，兑水 5kg，拌麦麸、谷糠等饵料 50kg，撒施在畦面或者是播种沟内，进行诱杀。苗圃中每亩使用 50%辛硫磷颗粒剂 2.5kg 与细土搅拌均匀后，撒施在土壤表面，然后翻入土中。

六、地老虎

地老虎以幼虫咬断苗木根颈部，造成缺苗断垄，严重的甚至毁种。地老虎幼虫食量比较小，喜食作物的叶片，还会危害作物的根部和茎部。地老虎幼虫喜欢在夜间活动，经常咬断作物的叶柄、枝条和主茎部分，对作物的伤害极大。地老虎在啃食作物时，大都选取作物的嫩叶部分和主茎部分。地老虎在西部地区多以老熟幼虫越冬，在东部地区则无严格的越冬虫态，在长江以南地区以蛹及幼虫越冬。地老虎成虫趋光性强，对糖醋酒液无明显的趋性，老熟幼虫有假死习性，受惊后缩成环形。

清除苗圃内杂草，防止成虫产卵。如发现 1～2 龄幼虫，则应先喷药后除草，以免个别幼虫入土隐蔽。在地老虎大量发生时，将苗圃灌足水 1～2d，就可淹死大部分地老虎，或者迫使其外逃，再进行人工捕杀。在幼苗及周围地面上，喷洒具有胃毒和触杀双重作用的农药，如 80%敌百虫可溶性粉剂、50%辛硫磷乳油 1 000 倍液等，可有效防治地老虎。

七、金针虫

金针虫主要以幼虫危害，可以危害种子、苗木、地下根状茎。危害时多从茎部钻入茎内咬，主根不被咬断，如乱麻状，轻则影响苗木生长，危害严重时使苗木枯死。

播种前深耕多耙，结合中耕除草杀蛹和卵。播种时用 50%二嗪磷乳油，按种子重量的 0.2%～0.4%用药，拌匀后闷数小时，晾干播种。苗木生长季每公顷用 50%辛硫磷乳油 1～2kg，拌细土 25～30kg，顺垄条施或穴施。局部区域也可用 50%辛硫磷乳油兑水灌根。

八、介壳虫

苗圃中常见的介壳虫有桑白蚧、吹棉蚧、草履蚧、康氏粉蚧等。各类介壳虫在苗圃中的危害特征基本相似，主要危害苗木的叶片、枝干等，并吸取其中的汁液，造成枝叶发黄、畸形、生长不良。幼虫孵化后，蜡质层逐渐形成，因此防治的最佳时期为卵孵化期。

萌芽前和卵孵化期是防治介壳虫的关键时期，石硫合剂、机油乳剂、氟啶虫胺腈、毒死蜱、螺虫乙酯是防治介壳虫的有效药剂。萌芽前用 3～5 波美度石硫合剂，或用 95%机油乳剂 50～70 倍液+48%毒死蜱乳油 500 倍液喷枝干。卵孵化期（5 月初、7 月 5 日、8 月末 9 月初）用 48%毒死蜱乳油 1 500 倍液，或 24%螺虫乙酯悬浮剂 3 000 倍液，或 24%氟啶虫胺腈水分散粒剂 5 000 倍液均匀喷布枝干和叶片。

第三节 无病毒苗木繁育

一、背景

目前已发现的核果类果树病毒病共计170多种，其中樱亚属病毒病69种，桃亚属病毒病41种，李亚属病毒病32种，杏亚属病毒病20多种。桃亚属病毒病主要有黄花病、桃褪绿叶斑病、桃痘病、桃潜隐花叶病、李矮缩病等。

桃树上的病毒能够引发20多种不同的病害，其中一些病害会导致桃树死亡。桃树感染病毒后会导致果实质量下降，并且树势严重衰退。其中一些病毒病只会发生于特定的栽培品种上，或只在部分桃树上产生明显的症状，但受病毒感染的桃树品种均不会发生表型变化。实际生产中大多数病毒不会自然传播，有些病毒可能通过蚜虫、线虫或花粉传播。受感染植物材料的繁殖及其远距离交换是病毒在全球桃树上传播的主要原因。

二、桃苗木上常见的病毒种类

1. 李痘病毒（PPV） 在桃树上，李痘病毒是一种常见的病毒，它主要感染花瓣、叶片和果实，并可能导致一些桃品种的花瓣变色。叶片感染病毒后出现轻度的变色旋转斑、带，叶脉清除或发黄，甚至变形。春季是李痘病毒病症状表现尤为明显的季节，受感染的果实会出现萎黄斑点或色素沉着不足的黄色环状或线状图案，果实可能会畸形或形状不规则，并出现小的褐色斑点或坏死区。在某些情况下，病果会过早从树上掉落。

李痘病毒最早于1918年在保加利亚的西南部被发现。1932年，Atanosoff首次对该病毒进行了描述。1933年，Christoff在保加利亚观察到李痘病毒侵染杏树的情况。1960年匈牙利报道李痘病毒侵染桃树的情况。1999年10月，美国宾夕法尼亚亚当斯县的几个果园中发现被李痘病毒侵染的果树，并及时进行了销毁。加拿大于2000年6月在安大略省发现该病毒，但有证据表明李痘病毒于 1992 年即传入加拿大。现在，该病毒已随种植材料在欧洲广泛传播。

李痘病毒严重影响欧洲中部和东部水果产区的经济。核果类果树感染该病毒后出现早落果和果实严重变形的现象，病果含糖量降低而酸度增加，果实品质变劣，洋李敏感品种的落果率高达 95%～100%。该病毒还可导致桃、欧洲李、杏树严重减产，甚至绝收，是欧洲最具毁灭性的果树病毒。在日本，洋李树和桃树感染该病毒后果实产生环斑，杏树感染该病毒后果实严重变形。

李痘病毒的传播方式主要有 2 种：一是通过受害李属植物嫁接进行传播；二是通过蚜虫进行非持久性传播。远距离传播主要通过人类的活动，如调运受病毒感染又未经过检测的接穗、苗木或砧木会快速地传播该病毒。

果树是该病毒的主要寄主，尤其是李属果树，该病毒常见的寄主有李、桃、洋李、杏和油桃。然而，多数株系无法侵染樱桃。虽然一些一年生植物可以携带该病毒，但尚未发现这些一年生植物与李属果树之间自然传播病毒的情况。

2. 李属坏死环斑病毒（PNRSV） 桃树感染该病毒后叶片褪绿、出现坏死斑或发生变形，树皮坏死、开裂等。感染该病毒果树的树干直径往往小于未感染果树的树干直径，且感染该病毒后果树的产量通常会降低。此外，果实成熟度也会受到影响，其影响主要取决于砧木品种。除坏死性叶斑病外，在一些桃树上还可观察到花瓣断色现象。

3. 李矮缩病毒（PDV） 李矮缩病毒在桃树上引起的症状不太明显，大多数桃树品种感染该病毒后只出现轻微的发育迟缓现象，叶片基本上不会出现明显症状。然而在某些桃树品种上，PDV 感染会导致嫩枝节间缩短，进而引起树冠浓密。李属坏死环斑病毒和李矮缩病毒混合感染会导致一种桃树病害，在澳大利亚被称为桃衰老病，在加利福尼亚州等地则被称为桃矮缩病。受感染的苗木在定植后的第 1 个生长季节会过早落叶，还会出现树皮开裂的现象，减产可达 60%。影响发芽的同时树干直径变小、叶片数量减少，还会导致开花延迟。

4. 番茄环斑病毒（ToRSV） 该病毒寄主范围广，可侵染35科105属157种以上的单子叶和双子叶植物，常见的自然寄主有葡萄、桃、李、樱桃、苹果、榆树等树木及果园杂草。该病毒最早出现在北美洲，在桃树上会引起2种病害：①桃黄芽镶嵌病。其发病规律主要与线虫病的分布有关。②树茎干点裂病。该病毒在世界各地广泛分布于观赏植物和栽培植物上。番茄环斑病病毒在种子和病残体上越冬，在下茬作物上或在翌年成为主要初侵染源。在种子上病毒一般可存活到翌年的生长季节，在土壤和田间病残体中病毒可存活2～3年，在其他废弃物中能存活10个月左右，也可以多年生茄科杂草为寄主存活。防止该病毒侵染的方法是培育壮苗，挑选无病苗移植，肥水管理，防治蚜虫，深耕轮作。在栽培过程中，尽量消除病株的残根落叶，并通过土壤耕翻促其腐烂，可消除部分传染源。

5. 草莓潜隐环斑病毒（SLRSV） 该病毒在国内发生率低，在欧洲南部国家的传统产区普遍发生，该病毒可以在杂草或野生植物中传播。草莓潜隐环斑病毒属伴生豇豆病毒科，是蔷薇科植物果实上的重要病害之一。该病毒主要分布在美国和欧洲等国家和地区。该病毒侵染果树后，叶片出现褪绿、畸形，果树矮化，果实产量以及品质下降，严重时可引起毁灭性灾害。该病毒主要通过长剑线虫传播，也可通过其他方式，如机械、嫁接和种子等传播。

防止该病毒侵染较好的方法是使用不携带病毒的植物材料。在受污染的果园中，SLRSV会引起节间缩短，但种植者会保留受感染的桃树，直到它们不再有价值为止。可在病毒传播的地区移除受感染的树木以控制病毒的蔓延。

6. 桃丛簇花叶病毒（PRMV） 中国已于1997年将该病毒列为入境植物检疫性有害生物。该病毒主要通过种苗传播。

受感染树木叶片变小、卷曲，并沿主脉出现萎黄，主脉上有枯萎斑纹（马赛克症状）。后期，受感染的树木节间缩短且生长迟缓，并出现丛簇症状。该病毒的主要自然寄主有桃、李、葡萄等。该病毒也可通过汁液传播，介体线虫有美洲剑线虫等，严重危害果树，造成重大经济损失。

防止该病毒侵染的方法主要包括定植经认证的无病毒苗木，及时清除和销毁病树，并在种植前，对受感染的果园进行熏蒸，以防止线虫感染。

7. 桃潜隐花叶类病毒（PLMVd） 桃潜隐花叶类病毒在许多桃树品种上为潜伏侵染，带毒桃树主要表现为生长缓慢、树势衰退、抗性降低。病害通常发生于桃树生长第 2 年，感病品种染病后，在叶片上形成白色或黄色奶油状的印花状病斑，褪绿斑驳，或者是在嫩叶上出现边缘坏死的花叶症状，长叶、开花等延迟。高温时，花瓣出现紫色裂纹；果实不规则、扁状、色泽暗淡，裂果；芽坏死；桃树易早衰；有些强毒株系使叶片出现花叶、块斑、杂色和坏死等症状，还有的能导致茎痘斑和卷叶。

从第 5 年开始，感病桃树迅速老化，而且对霜害和溃疡病更为敏感。该病毒可以通过嫁接或芽接传播，但不能种传和通过花粉传播。该病毒在温室内可以通过桃蚜传染桃树，在田间主要由污染的剪枝刀传播。

种植健康的繁殖材料是防止该病毒侵染的有效措施。种苗种植在 37℃温室中 35～45d 可脱去感病无性繁殖材料中的类病毒。切取顶端分生组织（长 0.3～0.8mm），嫁接到健康的桃苗木上，2 个月后移栽大田。以上 2 种方法获得的繁殖材料均需分子鉴定为无毒后才可投入生产使用。

用 1% 福尔马林溶液、1% NaOH 溶液、5% NaCl 溶液、5% $Ca(ClO)_2$ 溶液或 5% Na_3PO_4 溶液等浸渍农具 10min 可以有效地灭活该病毒。

三、常用病毒检测方法

1. 田间症状观察法 田间症状是识别非潜隐性病毒病的依据。一般病毒侵染果树后，果树某些器官上会表现出一些异常的症状。常见的由病毒导致的症状包括叶片斑驳和变色，枝条丛生和簇生，果实畸形，果个小，树体矮化、徒长等。

2. 生物学检测技术 生物学检测技术早在1925年就开始用指示植物鉴定植物病毒。常用的接种方法包括汁液摩擦接种和嫁接传染。利用带毒植株上的病毒，将其接种到其他植物上产生症状，属于病毒鉴定的传统方法。生物学检测的结果比较直观，能可靠准确地反映出病毒的生物学特性，目前仍有广泛应用。

3. 电子显微观察技术 21世纪30年代初电子显微镜的发明使我们能够观察到病毒的细微结构。1940年Kausche和Melcher首次在电子显微镜下观察到烟草花叶病毒的颗粒。电子显微观察技术的建立对病毒学的发展起到了巨大的推动作用。

各种病毒颗粒均具有一定的大小和结构，可以通过电子显微镜直接观察。相比于生物学鉴定，利用电子显微镜鉴定更直观、速度更快。电子显微观察技术用负染法和超薄切片法处理样本，然后在电子显微镜下观察，能清楚地看到植物细胞内是否有病毒颗粒。此法已广泛用于草莓、葡萄和枣等果树的病毒鉴定。

4. 血清学技术 血清学技术是利用抗原抗体的体外特异性结合检测植物病毒。主要包括沉淀反应、凝聚反应、酶联免疫吸附试验（ELISA）、免疫电镜（IEM）和放射免疫测定（RIA）等。

目前，血清学技术仍是国内外检测果树病毒较为常用和有效的手段之一。20世纪60—70年代，该技术被应用于果树病毒检测。血清学技术就是利用适宜的免疫血清来检测果树材料中病毒抗原是否存在。

5. 分子生物学检测技术 聚合酶链式反应技术（PCR技术）又称无细胞分子克隆或特异性DNA序列体外引物定向酶促扩增法，许多学者将这一技术应用于果树病毒检测的研究方面。聚合酶链式反应技术是一种在体外快速扩增特定基因或DNA序列的方法，是近10年来发展和普及较迅速的分子生物学新技术之一。由于聚合酶链式反应技术具有强大的扩增能力，并且可与其他分子生物学方法（如核酸杂交）和免疫学方法（如ELISA）结合应用，使其敏感性和特异性都大大增强，因此被广泛地应用于生物医学领域。聚合酶链式反应技术的优点是灵敏度高、特异性强、可用于株系鉴定、安全可靠。其后又衍生出一些以 PCR 技术为基础的病毒检测方法，如反转录聚合酶链反应、免疫捕获 PCR、印迹捕获 PCR、巢式 PCR 和 PCR-ELISA 等，被应用于果树病毒的检测中。

6. 核酸分子杂交技术 核酸分子杂交技术检测较小基因组的类病毒时，先将待测核酸固定在膜上，然后用核酸探针与其进行杂交，使杂交体带上标记而被显示出来。检测的专化性程度取决于探针与病毒核酸序列的互补程度。核酸杂交技术适用于 DNA 病毒、RNA 病毒及类病毒的检测，灵敏度高、特异性强。在柑橘裂皮类病毒等的检测中有广泛的应用。在感病果园，使用不同长度的带有放射性物质标记的探针检测李痘病毒，最低能检测到大约 5pg 的纯化病毒。

7. 双链 RNA（double stranded RNA，ds RNA）**检测法** 双链 RNA 检测法 1976 年首次应用于检测植物病毒，它具有快速、敏感、简便的特点。日本、加拿大用该方法已检测了 20 多种果树病毒。Rott 和 Jelkmann 在樱桃中分离了一条长度为 8～9kb 的 dsRNA，利用 DOP-PCR 克隆了此病毒的特异片段，经测序分析证明为一种新病毒。

8. 依赖核酸序列扩增技术 依赖核酸序列扩增技术（Nucleic Acid Sequence Based Amplification，NASBA），也称作 3SR 技术（Self-sustained Sequence Replication），是一种快速检测病毒的新方法。它不需要 PCR 仪，在一般实验室内即可完成，且灵敏度高，可以检测 DNA 病毒、RNA 病毒和类病毒，在检测 RNA 病毒时不受模板中 DNA 的干扰。

NASBA 技术用于检测南芥菜花叶病毒、悬沟子环斑病毒、番茄黑环病毒和番茄环斑病毒、柑橘裂皮类病毒和柑橘类病毒的研究中。此外，利用 NASBA 技术可以同时检测多种病毒，同时检测马铃薯卷叶病毒和马铃薯病毒 Y，同时检测马铃薯病毒 Y 的 3 个株系。NASBA 技术的检测成本较高，目前多处于研究阶段，但国外的一些研究计划已将其列为重点发展的检测手段。

四、桃苗木病毒病的防治方法

1. 传统桃苗木病毒病的防治方法 传统桃苗木病毒病的防治方法主要包括物理防治、化学防治和生物防治。物理防治主要是通过定期修剪病枝和清除病株残体等手段来减少病毒的传播途径。这种方法的优点是简单易行，成本较低，同时也不会对环境造成污染。但是，物理防治方法的效果并不持久，需要长期坚持才能有效。

化学防治则是使用农药等化学物品对病毒进行杀灭或抑制，如抗病毒剂等。这些农药可以通过喷洒、涂抹等方式使用，能够快速有效地控制病毒的传播和蔓延。但是，化学防治方法也存在一些缺点，例如长期使用可能会对环境造成污染，对人类健康也有一定危害。

常用的防治果树病毒病的抗病毒剂主要包括以下几种。

（1）氨基糖苷类抗病毒剂。氨基糖苷类抗病毒剂是一种广谱性抗病毒剂，对多种病毒具有较强的抑制作用。其作用机制是抑制病毒的蛋白质合成，从而阻断病毒的复制过程。这类抗病毒剂常用于果树病毒病的防治，如烟草花叶病毒、黄瓜花叶病毒等导致的病毒病。常用的氨基糖苷类抗病毒剂有硫酸庆大霉素等。在使用时，需要严格控制浓度，一般采用低浓度多次喷洒的方式，以避免对植物造成药害。

（2）烯丙醇类抗病毒剂。烯丙醇类抗病毒剂是一种非离子型抗病毒剂，主要通过抑制病毒的吸附和侵入来达到防治病毒病的目的。这类抗病毒剂对多种植物病毒导致的病毒病具有显著的抑制效果，如番茄斑萎病毒、葡萄扇叶病毒等。常用的烯丙醇类抗病毒剂有烯丙醇和硫氰酸辛酯。在使用时，需要掌握适当的浓度和使用次数，以确保防治效果。

（3）抗代谢物类抗病毒剂。抗代谢物类抗病毒剂是一种干扰病毒代谢过程的抗病毒剂，主要通过干扰病毒的能量代谢来抑制病毒的复制。这类抗病毒剂对由某些植物病毒导致的病毒病具有较好的防治效果，如烟草花叶病毒、番茄斑萎病毒等。常用的抗代谢物类抗病毒剂有胞嘧啶、鸟嘌呤等。在使用时，需要合理配制浓度和使用次数，以确保防治效果。

（4）蛋白酶抑制剂类抗病毒剂。蛋白酶抑制剂类抗病毒剂是一种非特异性抗病毒剂，主要通过抑制病毒的蛋白酶活性来阻断病毒的复制过程。这类抗病毒剂对多种植物病毒导致的病毒病具有较好的防治效果，如烟草花叶病毒、番茄斑萎病毒等。常用的蛋白酶抑制剂类抗病毒剂有蛋白酶抑制剂、淀粉酶抑制剂等。在使用时，需要掌握适当的浓度和使用次数，以确保防治效果。

（5）其他类型的抗病毒剂。除了以上几种主要的抗病毒剂外，还有一些其他类型的抗病毒剂也在果树病毒病的防治中得到应用。例如，一些中草药提取物具有较强的抗病毒活性，如甘草、黄芪等中草药的提取物。此外，还有一些植物生长调节剂和免疫增强剂等也可以辅助治疗病毒病，或预防病毒病的发生。在使用这些药物时，需要仔细阅读说明书或咨询专业人士的建议。

在使用抗病毒剂进行果树病毒病的防治时，需要注意以下几点。首先，要选择针对性强、效果好的抗病毒剂。其次，要掌握适当的浓度和使用方法。再次，要与其他农药或肥料合理搭配使用。最后，要注意安全间隔期和使用次数，避免对植物造成药害或使病毒产生抗药性。

生物防治则是利用天敌或微生物等对病毒进行控制。例如，一些昆虫可以寄生在病毒上，从而抑制病毒的繁殖和传播。此外，一些微生物也可以分泌一些抗病毒物质，来抑制病毒的生长和繁殖。生物防治的优点是环保、安全、可持续，但是需要一定的时间和耐心才能看到效果。

除了以上 3 种防治方法外，还有一些其他的辅助措施可以用来防治桃苗木病毒病。例如，加强田间管理，定期施肥、浇水、修剪等，可以提高桃树的抗病毒能力；建立严格的检疫制度，防止病毒的传入和传播；加强科学研究，不断探索新的防治方法和技术。

总之，对于桃苗木病毒病的防治，需要采取综合措施，包括物理防治、化学防治、生物防治和辅助措施等。每种方法都有其优点和局限性，需要根据实际情况选择合适的方法或方法组合。同时，也需要加强科学研究，不断探索新的防治方法和技术，为桃树的健康生长提供更好的保障。

在未来的发展中，随着科技的不断进步和人们环保意识的提高，桃苗木病毒病的防治将更加注重环保、高效、安全和可持续发展。例如，基因工程技术的不断发展，将为桃抗病育种提供新的可能性；智能化农业的推广，将使得病毒监测和预防更加及时、精准；生物农药和天然抗病物质也将得到更加广泛的关注和应用。

同时，我们也需要认识到，桃苗木病毒病的防治是一个长期而复杂的过程，需要各方面的共同努力和配合。我们需要加强对桃苗木病毒病的宣传和教育，提高农民和相关人员的防治意识和技能水平；加强对病毒病的监测和预警，及时发现和控制病毒的传播和蔓延；加强对防治技术的研究和开发，不断探索新的防治方法和措施。

最后，我们也需要认识到，桃苗木病毒病的防治不是一项孤立的工作，而是需要与其他的农业生产和管理工作相互配合。我们需要加强田间管理、推广科学种植技术、提高农民的组织化程度和加强农业社会化服务，从而实现桃苗木病毒病的综合防治和管理。

2. 新型桃苗木病毒病防治方法 新型桃苗木病毒病防治方法近年来逐渐得到关注，其中包括基因工程、免疫诱抗等。基因工程是通过改变植物基因组，使植物具有抗病性，降低被病毒侵染的概率。免疫诱抗则是通过诱导植物自身的免疫系统，使植物对病毒的抵抗力增强。

植物病毒病生物防治，利用病毒交叉保护（virus cross-protection）现象，即一种病毒的存在可使寄主植物抵抗其他病毒的侵染。Mckinney 等观察到用某些病毒的弱毒株系预先接种植物，随后再接种相关的强毒株时，常常不表现强毒株症状，交叉保护也是诱导抗性的一种，如烟草接种烟草花叶病毒后，获得了对霜霉病的抗性，后来又在病毒以外的其他病原体上，如真菌、细菌等，也发现了类似的交叉保护现象，保护作用可以在种内不同株系间发生，也可以在不同种甚至不同类型的病原体之间发生。

未来发展趋势将倾向于结合传统方法与新型方法，通过综合手段对桃苗木病毒病进行防治。同时，随着科技的发展，更加高效、环保的防治方法也将得到进一步的研究和应用。例如，基因编辑技术的发展，将为桃苗木抗病育种提供新的可能性；智能化农业的推广将使病毒监测和预防更加及时、精准。

五、桃苗木脱毒技术进展

（一）脱毒技术的发展历史回顾

脱毒技术是通过对植物病毒的深入研究，采用一定的技术手段，使植物从生理上和遗传上摆脱病毒的困扰，恢复生长和产量。桃苗木脱毒技术是其中的一种，随着科技的不断进步，这一技术也在不断发展和完善。

自 20 世纪 50 年代以来，桃苗木脱毒技术逐渐得到了广泛的应用和研究。最初的脱毒方法主要基于热处理和茎尖培养，通过提高培养温度、缩短培养时间、优化培养基成分等手段，加快茎尖细胞的分裂速度，从而减少病毒在培养过程中的积累。

随着分子生物学技术的发展，人们开始对桃苗木病毒的分子特性进行深入研究，并在此基础上开发出更加有效的脱毒方法。例如，基于聚合酶链式反应（PCR 技术）的分子诊断方法，可以快速、准确地检测桃苗木病毒的存在，从而为后续的脱毒处理提供依据。

（二）常用桃苗木脱毒技术介绍

目前，常用的桃苗木脱毒技术主要包括以下几种。

1. 热处理脱毒　这是应用较早和较普遍的方法之一。热处理主要包括温汤浸渍处理和高温空气处理。热处理脱毒的原理是根据病毒和寄主植物对高温忍耐程度的差异，在一定的温度条件下（37～40℃）使病毒钝化，使其在寄主体内传播速度降低或停止传播，失去增殖和再侵染能力，而寄主植物能正常生长。随着热处理时间的延长，对病毒的破坏性逐渐加强，以致植物材料内含病毒量不断降低，这样持续一段时间后病毒自行消失而达到脱毒目的。

热处理分为恒温处理和变温处理 2 种。通常恒温处理是将小苗放在恒温条件下处理 28～30d，然后切取 0.5～1.0cm 嫩梢嫁接在实生苗上可获得无病毒植株，也可将获得的嫩梢进行组织培养，无糖生根，然后再移栽、定植。用这 2 种方法获得无病毒植株的概率均较低。变温处理是将带毒幼苗根据品种在 32～38℃下每 8～10h 变温一次，或在 30～38℃下每 4h 变温一次，处理 30d 或 60d 后，剪取长 0.6～1.0mm 嫩梢劈接在盆栽实生桃砧木上，常规管理则可获得无病毒植株。也可将变温条件下获得的嫩梢进行组织培养，诱导分化，经过转接、无糖生根再移栽、定植。利用温度差异，选择适当的温度和处理时间，可抑制病毒繁殖，减缓其扩散速度，从而使植物细胞的生长速度超过病毒扩散速度，即在生长点附近得到 1～2cm 不含病毒的分生组织，切掉这部分进行人工培养或嫁接到无病毒的砧木上，得到无病毒的苗木。

热处理作为传统的主要脱毒方法，已在多种果树苗木的病毒脱除中得到广泛应用，通过该法获取的无病毒苗木主要有苹果、梨、葡萄和桃等。目前桃砧木 GF 677 已通过热处理获得了组培苗，长势良好。试验证明，热处理 25～28d，对苹果褪绿叶斑病毒的脱毒率可达 45%以上，而苹果茎沟病毒和苹果茎痘病毒耐高温能力较强，不易脱除，脱毒率为 27%～36%，热处理后的嫩梢嫁接成活率较低。桃砧木 GF 677 热处理 30d 后没有感染病毒，可以认为脱毒率达 100%。现已证明有 90 种以上的病毒可以用热处理的方法脱除，但并非所有病毒都能够通过热处理脱除，如类病毒就不能用热处理的方法脱除。热处理的效果与病毒的致死温度没有相关性，但与病毒颗粒的形状有关，高温易使线状和球状病毒钝化，而对杆状病毒效果较差。热处理脱毒对植株的压力较大，热处理过程中会造成部分植株死亡，桃组培苗热处理以阶梯变温的方法可以获得 100%脱毒苗，通常变温规则为 27℃—35℃—38℃，3 个温度的处理时间分别为 7d、7d、30d。因此，选择恰当的温度区间和处理时间是脱毒成功的关键，同时兼顾不同品种，根据品种间抗性不同，其温度区间内需要保持充足的光照度和湿度，尽可能地降低植株根部的温度，并选择生长健壮的植株。

热处理脱毒的优点在于操作相对简单，不需要复杂的设备。然而，这种方法也存在一些缺点。首先，处理时间较长，需要持续数天至数周，这对于快速繁殖或紧急情况可能不太适用。其次，长时间的高温处理可能会对植株的生长产生一定的影响，可能会导致植株生长缓慢、发育不良等问题。

尽管存在一些限制，但热处理脱毒仍然是一种有效的方法，对于许多桃苗木病毒病都有较好的防治效果。在应用这种方法时，需要综合考虑病毒种类、环境条件、植物种类等，以制订合适的处理方案。同时，还需要进行严格的检测和监测，以确保脱毒效果和质量。

2. 茎尖培养脱毒 茎尖培养在脱除病毒的同时可培育出无病毒苗木，可实现优良苗木的快速繁育和产业化生产，此技术对工厂化育苗具有重要意义。植株的不同组织和部位病毒分布不均匀，茎尖分生组织中病毒浓度相对较低，可以认为大部分细胞是不带病毒的，通过对微小无病毒分生组织进行培养，可获得完整的无病毒植株。

在茎尖脱毒培养中，操作步骤和细节非常重要。具体步骤和注意事项如下。

（1）选取健康的桃苗木进行脱毒处理。确保选择的苗木没有受到病毒侵害，且具备较好的生长状况。

（2）使用剪刀或刀片切除苗木的茎尖部分。茎尖部分通常只有几毫米长。为确保获得无病毒的植株，需要精准切除这部分。

（3）将茎尖部分放置在无菌培养基上。培养基是一种含有营养物质和生长素的特殊培养介质，可以促进植物细胞分裂和增殖。为了确保培养基质量和无菌性，需要避免引入任何污染物。其中，外植体建立、增殖和无糖生根培养基上的生长调节剂种类、浓度因阶段不同而有差异。桃茎尖不易培养，但一旦诱导分化，其移栽成活率较高。目前茎尖脱毒培养仅在桃、草莓和葡萄等少数果树上获得成功并用于生产。二次茎尖脱毒近几年开始研发使用，能有效提高脱毒率，该方法已在草莓和苹果上应用，在桃苗木上也在尝试用此脱毒方法。另外，茎尖大小对分化率和脱毒率有很大的影响。茎尖分化率与茎尖大小成正比，脱毒率与茎尖大小成反比。研究者发现草莓切取茎尖大小为 0.2～0.3mm 时，脱毒率可达 100%，而茎尖为 1.0mm 时，脱毒率仅为 50%左右。生产中茎尖过小培养成活率会大大降低，而且操作难度也很大。因此，原则上脱毒时要兼顾脱毒率和成活率 2 个方面，一般取长度为 0.2～0.5mm，带有 1～2 个叶原基的茎尖比较合适，这样大小的茎尖既可保证一定的成活率，又能使一定数量的茎尖苗不带病毒。近年研究发现桃砧木 GF 677组培苗切取茎尖大小为 1.0mm 时，脱病毒率可达 90% 以上。

（4）在适宜的培养环境中放置茎尖。这包括适当的温度、光照和湿度，以促进茎尖的生长和发育。

（5）定期更换培养基。由于茎尖生长速度快，需要频繁更换培养基以提供足够的营养物质和生长素。一般来说，每隔一段时间（如 1 周）就需要更换 1 次培养基。

（6）观察茎尖的生长情况。通过定期观察，可以了解茎尖是否成功脱毒以及生长状况如何。如果茎尖正常生长且没有出现异常现象，则可以进行后续操作。

（7）将无病毒的茎尖转移到新的环境中。一旦茎尖成功脱毒并具备一定的生长能力，可以将其移植到新的培养基或其他适当介质中进行进一步培养和繁殖。

（8）注意控制培养环境的条件。在整个培养过程中，需要密切监测和调整温度、光照和湿度等参数，以确保茎尖的正常生长和发育。

需要注意的是，虽然茎尖脱毒培养可以快速获得无病毒植株，但由于需要频繁更换培养基，可能会增加操作的复杂性和成本。此外，茎尖切除可能会对植株的生长产生一定的影响，因此在操作中需要注意保护植株的其他部分，以确保整个植株的健康和稳定发展。

综上所述，茎尖脱毒培养尽管存在一些缺点，但它仍然是一种有效的技术手段，可以为农业生产提供健康、无病毒的桃苗木。在操作过程中，需要注意每个步骤的细节和技术要求，以确保取得良好的效果。

3. 热处理与茎尖脱毒培养相结合 近年来研究证明，用热处理和茎尖脱毒培养相结合的技术繁育无病毒苗木效果较好。即从热处理后的幼苗上切取 0.5mm 左右的茎尖进行培养，此技术也在桃组织培养中开始应用。特别是对于一些用单纯的热处理或茎尖脱毒培养难以脱除的病毒，采取此技术可明显提高脱毒效果。热处理与茎尖脱毒培养相结合脱除病毒的途径主要有 2 种。一种是用盆栽苗，先进行热处理，之后立即从经处理的植株上取嫩梢的茎尖进行组织培养，可获得脱毒植株；另一种方法是将离体培养组织进行热处理后取较大的茎尖再次培养，对培养成活的离体植株再次热处理，然后再取茎尖进行培养，脱毒率可提高 30%～40%。在热处理与茎尖脱毒培养相结合技术中，所取茎尖大小因植物种类和待脱病毒种类而异，一般为 0.5～2.0mm。

4. 超低温保存结合茎尖培养脱毒技术 将茎尖置于液氮中进行短暂处理以脱除病毒的方法，是近年来建立的一种新的脱毒生物技术。病毒在植物体内的分布是不均匀的。一般情况下，在感染病毒的植株中，病毒的含量随着与茎尖分生组织的距离增加而增加，而茎尖分生组织中病毒的含量很低，甚至是不带病毒的。茎尖超低温保存后，通常只有分生组织顶部的几层细胞和幼嫩叶原基的部分细胞成活，而其他细胞均被液氮冻死。因此，茎尖超低温技术除了用于保存种质资源，还可能具有脱除病毒的作用。Brison 等人于 1997 年首次尝试了利用茎尖超低温处理脱除病毒的研究。用带毒的李砧木试管苗为材料，茎尖通过超低温保存后，获得再生植株，经酶联免疫吸附试验检测，发现有 50%的再生植株是无毒的，而茎尖脱毒培养仅获得 19%的脱毒率。并且超低温处理的脱毒率不受茎尖大小的影响，而茎尖培养的脱毒率随茎尖增大而明显下降。超低温处理与茎尖脱毒培养的周期相似（55～59d），其效果明显好于热处理和热处理与茎尖脱毒培养相结合技术。

近年来，超低温保存因具有遗传稳定、占用空间小、消耗小等优点，被认为是植物种质保存的理想方法。用茎尖作为超低温保存的材料，茎尖中易感病毒的大细胞有较大的液泡，含水量多，在超低温处理过程中易受冻害而死亡，而顶端分生组织的小细胞不含有病毒，含水量少，易存活下来，分化成芽，成长为脱毒苗。1997年首次应用该法脱除了桃树上的李痘病毒。

5. 分子生物学脱毒 该方法是通过检测和识别桃苗木病毒的基因序列，然后采用基因沉默或敲除等技术手段，去除或减少病毒的基因表达，从而达到脱毒的目的。

基因工程在樱桃抗病育种中的应用结果显示，有效的抗病毒基因主要来源于病毒本身，如外壳蛋白基因、移动蛋白基因和复制酶（replicase）基因等。目前研究人员已对10多个属30余种病毒进行了外壳蛋白基因介导的抗性实验，受体植物有10多种，如果树上已成功将李痘病毒的外壳蛋白基因导入杏，将番木瓜环斑病毒的外壳蛋白基因导入欧洲李。樱桃病毒基因序列测序完成之后，利用RNA干扰技术使其转录产生病毒繁殖关键基因的双链RNA，或通过体外构建的外源基因转化载体，转录后形成发夹结构RNA，有效诱导基因沉默，从而抵抗病毒的入侵和繁殖，而且还可以利用不同病毒转录序列中高度同源片段对多种病毒产生抗性。将5个侵染核果类果树病毒PPV、PNRSV、PDV、ToRSV、PMV（杨树花叶病毒）的部分片段融合为400～500bp的嵌合基因，构建RNAi载体，接种转基因本生烟草植株后获得PDV、PPV和ToRSV抗性转基因株系。樱桃砧木Gisela 6和Gisela 7转化PNRSV基因干扰载体后可抗PNRSV和PDV的复合侵染。可见，利用RNA干扰技术使植物产生病毒抗性具有高度可行性，可作为植物抗病基因工程研究中的一种高效抗性手段。

分子生物学脱毒的优点是操作精准、效果显著，但缺点是技术难度较高，需要具备先进的分子生物学实验条件。

6. 化学药剂处理脱毒法 现已研制出大量的能有效控制病毒病的化合物，其中有些化学物质对植物病毒的复制和扩散有一定的抑制作用。抗病毒醚是一种对DNA或RNA病毒具有广谱抑制作用的人工合成核苷类物质，化学名称为1-β-D-呋喃核糖-1,2,4-三氮唑。此外，双氢睾酮（DHT，2,4-dioxohexa-hydro-1,3,5-triazine）对病毒也有类似的抑制作用。在植物脱毒研究中，化学药剂处理往往与组织培养结合进行，在培养基内添加抗病毒醚，能抑制病毒复制，抗病毒醚的药理作用是其作用于寄主的代谢方式，从而阻止病毒的增殖。化学药剂处理脱毒法即先获得待脱毒样品的茎尖培养植株，然后在进行离体组织培养的培养基中加入化学抑制物质，继代培养一定时间后，再取新梢在无化学抑制剂的培养基上培养，经病毒检测，保留无病毒的单株。1978年，Fazio等报道用病毒抑制番茄枯斑病毒复制。Deogrativos等报道在培养基中添加病毒，樱桃可脱除苹果褪绿叶斑病毒、李坏死环斑病毒、李矮缩病毒，此方法还在苹果、葡萄茎尖脱毒中有所应用。把抗病毒剂利巴韦林添加于培养基中，进行茎尖培养，也能使苹果脱除苹果褪绿叶斑病毒、苹果茎沟病毒。在MS培养基中加入病毒抑制剂茶蔗子毒素，培养苹果新梢茎尖8周后，可脱除苹果褪绿叶斑病毒。国内有研究者将中药板蓝根和西药利巴韦林分别加入MS培养基中，培养苹果茎尖，发现板蓝根和利巴韦林对苹果褪绿叶斑病毒、苹果茎沟病毒均有很好的脱除作用。这种方法脱毒可获得较大的茎尖用于组培，操作简单，但病毒抑制剂易导致后代变异，且化学杀毒剂不能脱除所有病毒。

7. 微嫁接脱毒法（MGST） 微体嫁接是Marashige等提出的，是组织培养与嫁接方法相结合，用以获得无病毒苗木的一种新技术。这种技术首先成功应用于柑橘脱毒，以后逐渐应用到其他多种果树病毒的脱除中。从试管中选取培养10～14d的桃新梢，切取0.5～1.0mm带有3～4个叶原基的茎尖进行嫁接，成活率达到40%～70%，获得脱除李属坏死环斑病毒、李矮缩病毒和苹果褪绿叶斑病毒的桃苗木。微嫁接除了可培育无病毒植株外，还可解决生根难的问题。在核果类果树上应用该技术成功获得了脱毒苗。

一般认为大多数植物种子不带病毒，可直接用试管播种苗作为微体嫁接的砧木，但有的病毒可通过种子和花粉进行传播，砧木必须提前进行脱毒处理。茎尖大小、接穗来源以及病毒种类是影响微嫁接成活率和脱毒成败的关键。接穗经过一段时间的高温处理后再进行微嫁接，脱毒率显著提高。茎尖大小与成活率成正比，与脱毒率成反比。茎尖大小对微嫁接成活率和脱毒率的影响等同于茎尖组织培养，因此，嫁接难度很大，成活率和脱毒率较低，操作技能不易掌握，很难进行实际应用。

8. 培育抗病毒桃树品种 对病毒病最有效和最根本的防治办法是培育抗病毒品种。自 1986 年将烟草花叶病毒（TMV）外壳蛋白基因首次成功导入烟草，培育出了能稳定遗传的抗病毒烟草植株以来，已有多种病毒基因导入到植物基因组中而产生不同程度的抗病效果，迄今为止，人们已发展了很多种不同的方法来获得转基因抗病毒植物。尤其是近年来发展起来的基因工程技术，可将引起交叉保护的病毒的某些成分转入植物，这样一方面植物体内没有病毒的复制，另一方面又起到了保护植物免受病毒侵染的作用。当前果树上采用的抗病毒策略主要有 3 种：①外壳蛋白基因策略。这是抗病毒植物基因工程上采用最普遍的一种策略。外壳蛋白基因策略的抗病机制目前还不十分清楚。一般认为对于不同的病毒，外壳蛋白基因介导的抗性有不同的机制。以 TMV 等为材料的研究表明外壳蛋白基因介导的抗性是由于外壳蛋白的积累干扰了病毒的脱壳，同时抑制了病毒内的转运和复制。②病毒卫星 RNA 基因策略。烟草环斑病毒的卫星 RNA 虽不能依赖樱桃卷叶病毒（CLRV）复制，但可减轻 CLRV 引起的症状并抑制 CLRV 的复制。③运动蛋白基因策略。运动蛋白基因策略是阻断病毒产物表达，限制病毒在植物细胞间的转运，从而达到抗病毒的目的。葡萄病毒 A（GVA）和葡萄病毒 B（GVB）的运动蛋白基因分别由 830 个和 925 个核苷酸所组成。1998 年通过根癌农杆菌（Agrobacterium Tumefacieus）

LBA4404 株系，将 GVA 和 GVB 的运动蛋白基因分别转移到本塔米拉烟（*N. benthomiana*）和西方烟（*N. occideutalis*）中，并经攻毒实验（用 1pg/mL 提纯病毒机械接种）证实，转基因烟草植株具有不同程度的抗性。之后，将这 2 种病毒的运动蛋白基因转移到沙地葡萄（*V. rupestris*）和欧洲葡萄（*V. vinifera*）的优势品种上，获得具有抗性的再生植株。目前，为进一步提高工程植株的抗病性，人们多采用复合基因策略，即转多种抗性基因控制一种病毒，可以提高转基因植物的抗性以及抗病的持久性和广谱性，这是转基因抗病毒育种产业化发展的趋势。

（三）脱毒技术的优势及应用效果

脱毒技术的优势：①提高植物产量和品质。经过脱毒处理的桃苗木可以恢复正常的生长和发育，提高产量和品质。②防止病毒病的传播。脱毒技术可以有效地防止病毒病传播，保护农业生产的安全。③推动植物育种技术的发展。脱毒技术可以有效地提高植物育种的成功率和效率，推动植物育种技术的发展。

目前，桃苗木脱毒技术已经在农业生产中得到了广泛应用。例如，采用热处理和茎尖脱毒培养相结合的技术，可以有效地脱除桃苗木中的病毒；采用分子生物学技术可以精准地检测和识别桃苗木病毒的存在，为后续的防治提供依据。这些技术的应用都取得了显著的效果，为农业生产带来了积极的影响。

第七章 • • •
苗木出圃

苗木出圃是育苗工作的最后一个环节，直接影响到苗木的质量、定植后的成活及幼树期的生长。因此，必须严格管理苗木出圃各技术环节，确保苗木质量。

第一节 苗木质量

苗木质量是生产的前提，关系到生长、结果、品质和效益。培育和生产品种纯正、砧木适宜、生长健壮、根系发达、无检疫对象或病毒病的优质苗木是果树育苗的最终目的，也是建立早果、丰产、优质、低成本果园的先决条件。近年来我国山东、江苏、安徽等省份已经根据当地产业发展，先后制定了桃苗木繁育的地方标准，我们国家也制定了桃苗木国家标准《桃苗木》（GB 19175—2010），对我国桃苗木进行规范和要求，并在中国农业科学院郑州果树研究所设立桃苗木质量检测中心。

不同桃苗木类型质量要求见表 7 - 1 至表 7 - 3。

表 7 - 1 桃芽苗质量要求

<table>
<tr><th colspan="4">项目</th><th>要求</th></tr>
<tr><td colspan="4">品种与砧木纯度（%）</td><td>≥95.0</td></tr>
<tr><td rowspan="3">根</td><td rowspan="3">侧根数量（条）</td><td rowspan="2">实生砧</td><td>普通桃、新疆桃</td><td>≥5.0</td></tr>
<tr><td>山桃、甘肃桃</td><td>≥4.0</td></tr>
<tr><td colspan="2">营养砧</td><td>≥4.0</td></tr>
</table>

（续）

<table>
<tr><th colspan="2">项目</th><th>要求</th></tr>
<tr><td rowspan="4">根</td><td>侧根粗度（cm）</td><td>≥0.5</td></tr>
<tr><td>侧根长度（cm）</td><td>≥20.0</td></tr>
<tr><td>侧根分布</td><td>均匀，舒展而不卷曲</td></tr>
<tr><td>病虫害</td><td>无根癌病、根结线虫病和根腐病</td></tr>
<tr><td rowspan="3">茎</td><td>砧木长度（cm）</td><td>10.0～15.0</td></tr>
<tr><td>砧木粗度（cm）</td><td>≥1.2</td></tr>
<tr><td>病虫害</td><td>无介壳虫和流胶病</td></tr>
<tr><td>芽</td><td colspan="2">饱满，不萌发，接芽愈合良好，芽眼露出</td></tr>
</table>

表 7－2　一年生苗的质量要求

<table>
<tr><th colspan="4">项目</th><th>一级</th><th>二级</th></tr>
<tr><td colspan="4">品种与砧木纯度（%）</td><td colspan="2">≥95.0</td></tr>
<tr><td rowspan="7">根</td><td rowspan="3">侧根数量（条）</td><td rowspan="2">实生砧</td><td>普通桃、新疆桃</td><td>≥5.0</td><td>≥4.0</td></tr>
<tr><td>山桃、甘肃桃</td><td>≥4.0</td><td>≥3.0</td></tr>
<tr><td colspan="2">营养砧</td><td>≥4.0</td><td>≥3.0</td></tr>
<tr><td colspan="3">侧根粗度（cm）</td><td>≥0.5</td><td>≥0.4</td></tr>
<tr><td colspan="3">侧根长度（cm）</td><td>≥20.0</td><td>≥15.0</td></tr>
<tr><td colspan="3">侧根分布</td><td colspan="2">均匀，舒展而不卷曲</td></tr>
<tr><td colspan="3">病虫害</td><td colspan="2">无根癌病、根结线虫病和根腐病</td></tr>
<tr><td rowspan="6">茎</td><td colspan="3">砧木长度（cm）</td><td colspan="2">10.0～15.0</td></tr>
<tr><td colspan="3">苗木高度（cm）</td><td>≥90.0</td><td>≥80.0</td></tr>
<tr><td colspan="3">苗木粗度（cm）</td><td>≥1.2</td><td>≥0.8</td></tr>
<tr><td colspan="3">茎倾斜度（°）</td><td colspan="2">≤15.0</td></tr>
<tr><td colspan="3">根皮与茎皮</td><td colspan="2">无干缩皱皮，表皮损伤面积≤1.0cm^2</td></tr>
<tr><td colspan="3">枝干病虫害</td><td colspan="2">无介壳虫和流胶病</td></tr>
<tr><td rowspan="3">芽</td><td colspan="3">整形带内饱满芽数（个）</td><td>≥8.0</td><td>≥6.0</td></tr>
<tr><td colspan="3">接合部愈合程度</td><td colspan="2">愈合良好</td></tr>
<tr><td colspan="3">砧桩处理与愈合程度</td><td colspan="2">砧桩剪除，剪口环状愈合或完全愈合</td></tr>
</table>

表 7-3 二年生苗的质量要求

项目				一级	二级
品种与砧木纯度（%）				≥95.0	
根	侧根数量（条）	实生砧	普通桃、新疆桃	≥5.0	≥4.0
			山桃、甘肃桃	≥4.0	≥3.0
		营养砧		≥4.0	≥3.0
	侧根粗度（cm）			≥0.5	≥0.4
	侧根长度（cm）			≥20.0	
	侧根分布			均匀，舒展而不卷曲	
	病虫害			无根癌病、根结线虫病和根腐病	
茎	砧木长度（cm）			10.0～15.0	
	苗木高度（cm）			≥100.0	≥90.0
	苗木粗度（cm）			≥1.5	≥1.0
	茎倾斜度（°）			≤15.0	
	根皮与茎皮			无干缩皱皮，表皮损伤面积≤1.0cm²	
	枝干病虫害			无介壳虫和流胶病	
芽	整形带内饱满芽数（个）			≥10.0	≥8.0
	接合部愈合程度			愈合良好	
	砧桩处理与愈合程度			砧桩剪除，剪口环状愈合或完全愈合	

《桃苗木》（GB 19175—2010）对各批次苗木质量也做了要求，即每批次的合格苗木比例不应低于 95.0%。一级苗木批次允许包含的不合格苗木应符合二级苗木的标准；二级苗木批次允许包含的不合格苗木的粗度、高度和芽眼数不能低于二级苗木标准的 20%，其他质量指标同二级苗木标准。芽苗批次允许包含的不合格苗木的砧木长度不能低于或高于标准的 20%。

第二节　苗木的检疫

出圃前须对苗木品种进行核对，对出圃苗木进行调查，发现混杂品种时，应绑上标记，以便在起苗时剔除，统计苗木等级和数量。同时还应根据调查做出出圃计划，包括供应单位、供应程序、供应数量和供应方法，并制订苗木出圃操作技术规程，包括起苗技术要求、分级标准、苗木消毒方式和包装质量要求等。苗圃地土壤干旱，为避免起苗时根系损伤和起苗困难，提前10d左右对苗圃地浇1次水。

为了防止危险性病虫害随着苗木的调运传播蔓延，对输出、输入苗木进行检疫十分必要。我国加入世界贸易组织（WTO）后，国际间或国内各产区间苗木交换日益频繁，因而病虫害传播的危险性也越来越高，所以在苗木出圃前，要做好出圃苗木的病虫害检疫工作。苗木外运或进行国际交换时，则须有专门的检疫机关进行检疫，颁发检疫证书后才能运输或寄送。带有检疫对象的苗木一般不能出圃；病虫害严重的苗木应烧毁；即使属非检疫对象的病虫也应防止传播。苗木出圃前需进行严格消毒，以控制病虫害的蔓延传播。苗木的检疫工作由当地植保部门完成，确保出圃苗木无检疫对象，或虽有检疫病虫，但已采取消毒和药物处理措施，并开具检疫证明。检疫后的苗木方可长途运输。对苗木实行严格的检疫制度可防止外来苗木带来新的病虫害和本地病虫害进入新的区域。在实际操作过程中对于销往产地以外的苗木，应根据中华人民共和国农业农村部颁布的《植物检疫条例》有关规定和全国农业植物有害生物普查结果，按照农业农村部制定的《全国农业植物检疫性有害生物名单》和《应施检疫的植物及植物产品名单》对苗木进行有害生物的调运检疫。苗木调运检疫流程如下。

1. 申请 办理《植物检疫证书》的单位或个人，需事先向市野生动植物保护站提出申请，并填写《调运检疫申请书》，如实提供与调运植物有关的资料，出省的还需提供调入地检疫机构出具的《检疫要求书》一份。调运植物经过产地检疫后，应提供《产地检疫合格证》。

2. 受理和审查 根据提供的材料进行审查，符合国家法律法规的予以受理，不符合条件的不予受理，并告知理由。

3. 检疫 市野生动植物保护站检疫员将对调运植物进行现场

检疫。检疫合格的方可办理申请调运检疫。

4. 签证 对审查合格的调出申请，行政服务大厅林业和草原局窗口负责签发《植物检疫证书》。

第三节 起 苗

一、起苗时间

桃苗木的起苗时间一般在秋末至萌芽前，当苗木有80%以上的叶片自然掉落后进行，有特殊需求的，可在摘叶或剪叶剪梢后进行。秋季栽植或远距离运输的可先起苗，就近栽植或第2年春栽植的可以后起苗。秋季起苗可避免苗木在田间受冻和损失，可秋季栽植或假植。春季起苗减少假植工序。

二、人工起苗

起苗时要分品种，在苗旁边20cm外开沟、深挖，挖苗过程中尽可能多带侧根、细根，保留长度在20cm以上的根系，防止挖断根系或根系过短，并防止损失苗木皮层。应用起苗机可很大程度上提高起苗效率和苗木质量，减轻苗木损伤。

三、机械起苗

利用起苗机进行起苗，当前我国育苗企业已基本实现了起苗机或挖机起苗，提高了起苗效率，减少了人工起苗对根系的损伤，提高了苗木质量。经统计，机械起苗成本仅为人工起苗成本的50%或更低。不能实现机械化起苗时，挖苗过程中尽可能多带侧根、细根，防止挖断根系或挖的根系过短。

第四节 分级、包装和运输

一、分级

根据苗木高度、苗木粗度、根系质量好坏及有无机械损伤和病虫危害等，将苗木分成一级、二级和等外级。用于出售和定植的苗木必须品种纯正，地上部枝条充实，芽体饱满，具有一定的高度和粗度，根系发达，须根多，不携带病虫害，无机械损伤，嫁接部位愈合良好。出圃的桃苗木主要以一年生成苗为主，还有少量的芽苗（半成苗）和多年生苗木。

二、假植

当苗木不能及时外运或定植时，须进行假植。临时性假植时就地开浅沟，将捆、挂有标签的苗木成捆立于沟中，用湿土埋好根系并高出地面。长期性假植时，须在地势平坦、土壤湿润、排水良好的避风处挖假植沟，假植时将苗木顺沟朝一个方向倾斜摆放，摆一层苗埋一层土或沙，使苗木根系充分与土壤接触，倾斜的苗木埋土60cm以上，回填后沟内不留空隙。较弱小的苗木可全部埋入土中。

三、消毒

桃苗木在出圃、包装或外销前必须进行消毒处理，防止病虫害的传播。消毒的方法有喷洒、浸苗等。喷洒多用3～5波美度石硫合剂，浸苗可用100倍等量式波尔多液，浸苗10～20min后用清水冲洗苗木。

四、包装

苗木在包装时应分品种、等级，定量50株或100株为1捆，挂好标签。标签须标明苗木生产单位、地址、联系电话以及砧木、品种、苗龄、质量等级、数量、病毒有无、日期等。对打包苗木根系及枝梢适当修整，根部朝向一端，利用湿锯末将根部空隙填塞以保湿，然后用塑料布包裹，使锯末不要外露，再用编织袋将包好的苗木装起来封口，这样包装的苗木可以存放7～10d。外销或长距离运输的苗木，包装时分品种、等级定量50株或100株为一捆捆好，对根系及枝梢适当修整，挂好标签，标明品种、数量和等级。根部朝向一端，用湿锯末将根部空隙填塞以保湿，然后用塑料布包裹，使锯末不要外露，再用编织袋包装封口，这样包装的苗木可贮运 7～10d。

五、运输

苗木的运输应通过当地快递或物流发货。长距离运输大量苗木时应选择恒温厢式车，装一层苗木铺一层保湿性好的填充物，如草帘、湿锯末等，苗木装满车后最上层再铺一层保湿填充物，洒水保湿。装车过程中应尽量将苗木码放整齐，不要过度踩踏，避免造成苗木直接损伤以及苗木间隙过小，空气、热量流通受阻而发热。运输过程中保持温度为 0～8℃。尽量缩短运输环节时间，运输过程中随时检查，防止苗木失水、风干、受冻害、发热。

附　　录

附录一　北方山桃二年成苗育苗技术

一、苗圃地准备

育苗地宜选择地势高、地下水位低、土层深厚、土质疏松、排灌方便、背风向阳的地块。播前深翻 25～30cm，结合深翻每亩施基肥 4 000～5 000kg。深翻后整地作畦，一般畦宽 1.2～1.5m，长 10～20m，要求畦面平整，易排水，不积水。

二、砧木种子的采集与处理

（一）种子采集

山桃果实一般在 7—8 月成熟，当全树有 5%左右的果实离核时开始采收，采收过晚果实落地，不易收集。将采收到的山桃果实进行堆放后熟，1 周后对腐烂的果实进行淘洗，去除果肉，同时去除上浮空瘪种子，晾晒干后装袋，存放于通风干燥的阴凉处。

（二）种子的处理

秋播种子处理方式：播种前将种子在室温下浸泡 3～5d，每换水一次，捞出上浮的空瘪种子，随时观察种子吸水情况，种皮变潮湿、种仁膨胀即为泡好，然后捞出散水，即时播种，过度浸泡种子可能导致播种后霉烂。

春播种子处理方式：种子在播种之前需要沙藏 90d 左右，沙藏之前先用清水浸泡种子 2～3d，使其充分吸水。室外选择地势高燥、排水良好的地方，挖坑进行层积处理。坑的大小因种子量而异，以种子处在冻层以下为好，沙藏的温度以 2～7℃为宜，将浸好的种子与干净河沙按 1∶5 的比例混拌均匀，河沙含水量为 60%

左右（以用手握成团，一触即散为准），将种沙混合好以后填入坑中，或者先在坑底平铺 20cm 湿沙，再往上平铺 1cm 厚种子，然后再铺 10cm 湿沙，依次铺到距地面 20cm 时，用湿土将坑填满，使其略高于地面，防止雨水漏入。坑中央要有通气设施，种子数量不多时可用秸秆作通气孔，种子数量多时可设置专用的通气孔。

三、播种

秋播一般在立冬至小雪前，播种采用宽窄行，即大行距70cm，小行距 20～30cm，每亩播种量为 25～40kg。播种时开深 10～15cm 的沟，种子间距 10cm，点播后覆土 10cm，土壤封冻前灌水 1 次，保持土壤湿润。秋播优点是可利用播种机进行播种，播种效率高，且种子不需沙藏，春季出苗早、生长快、苗木健壮，适合气候、土壤条件较好的地区。

春播在春分前后进行。当沙藏种子种核开裂、胚根刚刚萌动时为播种最适宜时期。开沟播种，种子间距 10cm，深 6～10cm，播种后及时覆土，并轻轻压实，以利出苗。

四、砧木苗的管理

种子出苗后应灌小水，及时松土除草，防治病虫害。5—6 月每月追施尿素 1～2 次，每次每亩 15kg 左右。干旱时应及时灌水，灌水后要及时松土除草。加强管理，使砧木苗在 7 月底以前达到嫁接粗度。嫁接前半个月及时除去砧木苗基部短于 15cm 的分枝，以利于嫁接，嫁接前 3～5d 灌水 1 次。

五、苗木的嫁接

桃苗木的嫁接一般多采用秋季芽接法，有时也采用春季带木质部芽接或枝接法。

（一）嫁接时间

秋季嫁接时间宜晚不宜早，应避开雨季，否则嫁接后遇到雨季易流胶，影响成活率。但也不宜过晚，嫁接愈合期适宜的温度为

20～26℃。秋季一般在8月中旬至9月上旬进行嫁接，春季嫁接在砧木芽萌动后进行。

（二）接穗采集

接穗必须从已结果、品种纯正的树上采集。秋季嫁接时，采集树冠外围中上部发育充实良好、芽饱满、无病虫害的当年新梢，剪去叶片，只留叶柄。副梢和发育不充实的新梢不宜作接穗，已封顶的枝条因不离皮而不宜作接穗。将采集好的接穗捆扎成捆，挂标签标明品种名称以及采集时间、地点和数量，用湿布覆盖后存放于阴凉潮湿处备用。春季嫁接所用接穗须在冬季修剪时采集，剪取生长充实的休眠期枝条，挂标签后，蜡封接穗剪口，采用干净细河沙沙藏于地窖或背阴处，沙子含水量为60%左右，不宜过湿，以免霉烂。

（三）嫁接

桃苗木繁育最常用的嫁接方法为带木质部芽接（嵌芽接）法，该方法在秋季和春季嫁接时均可采用，操作简便，嫁接成活率高。嫁接高度一般为砧木距地面10cm左右处。嫁接后的管理是保证嫁接成活和提高苗木质量的关键。

六、嫁接后管理

（一）绑头

秋季嫁接的苗木，嫁接后及时将邻近的几株山桃砧木苗上部绑在一起，利于砧木基部通风，促进嫁接部位愈合。

（二）剪砧

秋季嫁接的苗木，当年秋季落叶后至翌年早春萌芽前，于接芽上留2cm长的砧木剪砧，同时剪除砧木上下所有的副梢。春季嫁接前在砧木地面以上20cm处剪去砧木，并剪去砧木上的所有分枝。

（三）除萌蘖

嫁接芽萌发以后，将砧木上发出的萌蘖全部抹除，并且随出随抹除，一般可进行3～4次。砧木上只留嫁接芽生长发育。

（四）砧木的剪除

当接芽新梢下部已经木质化后（7 月中下旬），及时剪除接芽以上砧木，要求剪口平整，利于愈合。

（五）苗圃地土肥水管理及病虫害防治

接芽萌芽后，结合抹芽，及时除草松土，5—6 月结合浇水追施 1～2 次尿素，促进苗木生长，施肥量为每次每亩 20kg。干旱时要及时浇水，8 月喷施 0.3%磷酸二氢钾溶液 1～2 次，有利于苗木生长充实并防止越冬抽条。入秋后一般不再施肥浇水，并对高 1.2m 以上的苗木进行摘心，促进苗木充实。苗圃内要经常保持土壤疏松，无杂草。对苗圃内发生的病虫害及时防治，提高苗木质量。

七、苗木出圃

苗木出圃是育苗工作的最后一个环节，直接影响到苗木的质量、定植后的成活及幼树期的生长。因此，必须严把苗木出圃各技术环节，确保苗木质量。

（一）起苗

出圃前对苗木品种进行核对，抽样调查，统计苗木等级和数量。秋季苗圃土壤干旱，为避免起苗时根系损伤和起苗困难，提前 10d 左右对苗圃地浇一次水。起苗时间一般在秋末落叶期至翌年春季萌芽之前。秋季栽植或远距离运输的可先起苗，就近栽植或翌年春栽植的可以后起苗。秋季起苗可避免苗木在田间受冻和损失，可秋季栽植或假植。春季起苗减少假植工序。起苗时要分品种进行，机械或人工起苗过程中尽可能多带侧根、细根，保留 20cm 以上的根系，防止挖断根系或挖的根系过短，并防止苗木损伤或碰破苗木皮层。

（二）分级和假植

起苗后，根据其高度、粗度、根系好坏及有无机械损伤和病虫危害等，分成一级、二级和等外级。用于出售和定植的苗木必须品种纯正，地上部分枝条充实，芽体饱满，具有一定的高度和粗度，根系发达，须根多，无严重的病虫危害及机械损伤，嫁接部位愈合良好。当苗木不能及时外运或定植时，必须进行假植。临时性假植时就地开浅沟，将捆好、挂有标签的苗木成捆立与沟中，用湿土埋好根系并高出地面。长期性假植的苗木，须在地势平坦、土壤湿润、排水良好、避风处挖假植沟。假植时将苗木顺沟向一个方向倾斜摆放，摆一层苗埋一层土或沙，使苗木根系充分与土壤接触，倾斜的苗木埋土 60cm 以上，严寒地区要埋土至定干高度以上，回填后沟内不留空隙。较弱小的苗木可全部埋入土中。

（三）苗木的检疫

苗木的检疫工作由当地植保部门进行，检疫后的苗木方可长途运输。对苗木实行严格的检疫制度可防止外来苗木带来新的病虫害和本地病虫害进入新的区域。

（四）苗木的消毒

苗木包装前应进行消毒，防止病虫害的传播。消毒采用喷洒、浸苗等方法。喷洒多用 3～5 波美度石硫合剂，浸苗可用 100 倍等量式波尔多液，浸苗 10～20min，或用 0.1%硫酸铜水溶液浸泡苗木根部 5min，然后用清水冲洗干净。

（五）苗木的包装

外销或长距离运输的苗木，包装时根部朝向一端，分品种和等级定量 50 株或 100 株为 1 捆捆好，对根系及枝梢适当修整，挂好标签，标明品种、数量和等级。利用湿锯末填塞根部空隙以保湿，然后用塑料布包裹，使锯末不要外露，再用编织袋将包好的苗木装起来封口，这样包装的苗木可以贮存或运输 7～10d。

（六）苗木的运输

大量苗木在长距离运输时最好选择恒温厢式车，装好苗木后均匀洒水，使苗木根部湿润，苗木装满车后最上层铺一层保湿填充物，运输过程中保持温度为 0～8℃。在苗木装车、封车、运输过程中尽量缩短时间。在装车过程中应尽量将苗木码放整齐，不要过度踩踏。

附录二　毛桃砧当年成苗育苗技术

一、苗圃地准备

毛桃喜光，苗圃须光照充足、地势平坦、土层深厚，土壤疏松、肥沃，具有一定保水、保肥能力，且利于排水。苗圃在育苗前最好进行土壤消毒处理，减少病虫害。苗圃播前深翻 25～30cm，结合深翻每亩施基肥 3～5m^3，深翻后整平。整平后作畦、挖排水浅沟。畦面宽 1～1.2m，以畦两边嫁接工人操作时不影响畦面最外围桃苗木为宜。

二、种子准备

（一）种子采集

毛桃种子一般在 8 月成熟，应在其充分成熟时采集。毛桃采摘后，去掉果肉晒干，存放于通风干燥的阴凉处备用。

（二）种子播前处理

秋播前种子须浸泡 5～7d，每换一次水时将浸泡过程中漂浮于水面的瘪种子捞出。浸种后及时检查，以种皮潮湿、种子略膨胀为宜。将浸泡好的种子放在塑料布上，与 K84 混合搅拌，使种子均匀沾满药剂后即可进行播种。

（三）播种

按照每亩 8 000 株的出苗量，一般播种量为每亩 50～70kg。毛桃育苗及移栽密度以每平方米 15 株为宜，当年生苗木平均地径可达 0.9～1.0cm。秋播时间一般以 11 月上旬至 12 月上旬为宜。建议采用播种机播种，播种机播种时行距设计为 25～30cm，种子间距为 8～10cm，可实现播种、覆土和镇压一次性完成。无播种机而采用人工播种时开沟深 5cm，按照行距40cm、株距 10cm 点播。若采用移栽苗，栽种株距为 15～20cm，行距以30～40cm 为宜。

（四）砧木苗期管理

春季种子萌芽至出苗期应及时驱鸟，出苗后应及时除草，以利于砧木苗的生长。当砧木苗长至4～6片叶时，每月追施尿素1～2次，用量为每亩10kg，促进砧木苗的生长。土壤干旱时应适时浇水，最好是一次浇透，浇水后要及时除草。降水多时应及时排水，避免积水。砧木苗在生长过程中及时防治蚜虫、梨小食心虫、卷叶蛾、炭疽病等病虫害。嫁接前摘除砧木苗基部短于15cm的分枝，利于嫁接。

（五）嫁接

1. 嫁接时期 嫁接一般在5月中下旬至6月下旬进行，此时树液流动旺盛，采穗母本树枝梢已形成。具体的时间应根据砧木苗的生长情况以及接穗枝条的成熟度来确定。一般砧木苗基部粗度达到0.4cm以上时即可进行嫁接。

2. 接穗采集 接穗须从生长良好、品种纯正的树上采集。采集树冠外围中上部发育较充实、芽饱满、无病虫害的当年生新梢作接穗，剪去叶片，只留叶柄。将采集好的接穗捆扎成捆，挂标签，标明品种名称以及采集时间、地点和数量，插入水中后枝条用湿布盖住保湿，存放于阴凉潮湿处备用，随取随用。

3. 嫁接 在砧木地面以上15～20cm内选择光滑部位进行嫁接，生产中常用带木质部芽接法进行嫁接，也有些地区采用改良的带木质部芽接法，即在接穗上取芽片和砧木上切嫁接口均为一刀完成，将芽片削成船形，直接贴在砧木切口上，这种嫁接方法更加简便，嫁接速度快、愈合快，嫁接口用柔韧性好的专用嫁接膜进行包扎，自上而下包扎，将接芽和叶柄外露，包紧包严。还有些地区近年来使用专用的较薄的嫁接带，嫁接时将整个芽片包裹不外露，待接芽萌发后自然顶破薄膜生长。

（六）嫁接后的管理

1. 剪砧 嫁接后在接芽上方保留3～4片砧木叶片进行剪砧，当接芽新梢长度达15～20cm时在接芽上方2cm左右剪去砧木。

2. 除萌蘖 嫁接后，及时抹除砧木叶腋中的萌芽以及基部萌蘖，促进接芽生长。

3. 苗期管理 接芽萌发后，及时除草，当嫁接芽生长到5cm

以上时，结合灌水每亩撒施尿素10kg，苗木生长到高40cm以上时再追肥一次。后期视苗情、墒情适时追肥浇水，施叶面肥，防治病虫害。苗木生长后期控氮控水，喷磷酸二氢钾300倍液，促进苗木充实。

（七）苗木的出圃

1. 起苗　起苗时间一般为11月苗木落叶至翌年春季萌芽之前。采用起苗机起苗可大大提高起苗效率。不能实现机械化起苗时，应在苗旁边20cm处开沟、深挖，挖苗过程中尽可能多带侧根、细根，保留长20cm以上根系，防止根系过短，并防止苗木损伤或碰破苗木表皮。

2. 分级　起苗后，根据苗木高度、苗木粗度、根系质量好坏以及有无机械损伤和病虫危害等，将苗木分成一级、二级和等外级，桃一年生成苗出圃标准如附表所示。

附表　桃一年生成苗出圃标准

项目		一级	二级
根	长度（cm）	≥15.0	
	分布	分布均匀，舒展而不卷曲	
	病虫害	无根癌病、根结线虫病或根腐病	
茎	砧段长度（cm）	10.0～15.0	
	苗木高度（cm）	≥90.0	≥80.0
	苗木粗度（cm）	≥1.0	≥0.8
	倾斜度（°）	≤15.0	
	根皮与茎皮	无干缩皱皮，表皮损伤面积≤1cm²	
	枝干病虫害	无介壳虫和流胶病	
芽	整形带内饱满芽数（个）	≥8.0	≥6.0
	接合部愈合程度	愈合良好	
	砧桩处理与愈合程度	砧桩剪除，剪口环状愈合或完全愈合	

注：本表摘自《桃苗木》（GB 19175—2010）。

3. 假植　当苗木不能及时外运或定植时，须进行假植。选择地势平坦、土壤湿润、排水良好的避风处挖假植沟，将捆好、挂有标签的苗木成捆立于沟中，用湿沙埋好根系并高出地面。

4. 检疫 外销苗木须进行产地检疫，由当地植保部门对苗木进行检疫，开具检疫证明后方可进行销售或长途运输。

5. 消毒 桃苗木出圃后栽植前要进行消毒处理，防止病虫害的传播。苗木消毒可用0.1%氯化汞溶液浸苗20min，或用0.8%～1%波尔多液浸苗10～20min后，取出清洗，也可用1波美度石硫合剂喷苗，或浸苗10～20min后取出再用清水冲洗。

6. 包装 包装前对苗木根系和枝梢适当修剪整理，使根部整齐，朝向一致，分品种、等级，定量25株或50株为1捆，挂好标签。标签须标明苗木生产单位、地址、联系电话以及砧木、品种、苗龄、质量等级、数量、日期等。长距离运输苗木须保湿包装。

7. 运输 少量的苗木应保湿包装，通过当地快递或物流发货。长距离运输大量苗木时，车厢内应先垫上草帘等物，以防车板磨损苗木，装车时应根系向前，树梢向后，顺序安放，不要压得太紧，根部用苫布盖严，洒水保湿。尽量缩短运输环节时间，运输过程中随时检查，防止苗木失水、风干、受冻、发热。

附录三 北方日光温室山桃当年成苗育苗技术

一、种子的采集与处理

（一）种子采集

7—8月，在山桃果实果肉颜色开始变黄、果肉开裂时采集生长健壮、无病虫害的山桃母株上充分成熟、椭圆形或近圆形、大小基本一致的果实，将采收到的山桃果实进行堆放后熟，1周后对腐烂的果实进行淘洗，去除果肉，同时捞出上浮空瘪种子，将洗干净的种子晾晒干后装袋，存放于通风干燥的阴凉处备用。

（二）种子的处理

11月中旬，将前期收集的山桃种子放在室温下浸泡3～5d，每换水一次时将上浮在水面的空瘪种子捞出，随时观察种子吸水情况，种皮变潮湿、种仁膨胀即为泡好。将浸泡好的种子与干净河沙按1∶5的比例混拌均匀，河沙含水量为60%左右，堆放于温度2～5℃恒温冷库内，堆放高度不超过50cm，上面覆盖2层草帘洒水保湿。60d左右时检查种子萌芽情况。以这种方式层积的山桃种子，一般在层积后60～70d即可解除休眠，种核裂开。

二、苗圃地准备

播种前30d选择前茬没有种植果树的地块或育苗日光温室，每亩撒施腐熟农家肥2 000～3 000kg后浇水。待温室内土壤散水后深翻25～30cm，然后平整土地，按照东西行向做育苗带，育苗带宽80～90cm，相邻2个育苗带间隔40cm，平整育苗带，每亩用50%多菌灵可湿性粉剂1.0～1.5kg，按1∶20的比例配制成药土撒在育苗带上。

三、播种及管理

（一）播种时间

温室内播种一般在1月下旬至2月上旬进行，待层积处理的种子有30%以上裂壳萌芽时即可进行播种。

（二）播种

播种时每条育苗带上按东西行向开4条播种沟，间距20cm，沟深8～10cm，点播，种子间距10～15cm。播种后用细土回填播种沟，最后用木板对播种带进行镇压，使土壤和种子充分接触。

（三）播种后的温、湿度管理

播种后温室内白天温度保持在20℃左右，晚上最低温度在5℃以上，空气相对湿度保持在70%～80%；出苗后白天温度控制在20～25℃，晚上在7℃以上，空气相对湿度保持在50%～60%；进入4月，白天温度控制在24～26℃，夜间保持在12～15℃，空气相对湿度在60%左右；5月中下旬后当温室外白天平均气温在20℃以上，夜间温度稳定在15℃左右时可撤除棚膜，不再扣棚保温。

（四）砧木苗的管理

种子出苗后及时松土除草，当幼苗生长至高 20cm 左右时，在苗木行间开小沟，每亩追施尿素 15～20kg，追肥后间隔一段时间浇水，间隔 20～30d 后再次追肥，连续追肥 2～3 次，根据温室内土壤墒情适时浇水，浇水后松土除草。砧木苗生长至 4 月下旬至 5 月上旬，其高度达 80cm 以上，地径达 0.8cm 以上时即达到嫁接要求。嫁接前去除砧木苗基部短于 20cm 的分枝，以利于嫁接。

四、苗木的嫁接

（一）接穗的准备

一是直接采集温室栽植桃树上的当年生新梢，5 月初前后，温室栽植桃树上的果实已经采收完，此期可直接采集品种纯正、病虫害发生轻或无病虫害、生长健壮植株上发育充实、芽体饱满的一年生枝作为接穗使用，现采现接；二是采用休眠期贮藏的接穗。试验证明，将休眠期采集的接穗消毒后，成捆装于开小口的塑料袋内，存放于温度为 0～3℃、空气相对湿度 90％以上的冷库中，接穗可贮藏至 7 月仍不萌芽，且有较高的嫁接成活率。

（二）嫁接时间

温室内苗木的嫁接应考虑砧木苗的生长情况和接穗来源。实践证明，北方温室内桃树的嫁接一般在 4 月下旬至 5 月上旬，此期温室内砧木苗已生长到嫁接所需的粗度，且此期正值温室内桃树果实采收结束，便于嫁接用接穗的剪取。

（三）嫁接方法

1. T 形嫁接法 该方法适宜在生长季砧木和接穗离皮时进行，嫁接成活率高。嫁接时在接穗枝条上选定的芽上方 0.5～1cm 处横切一刀，再在芽下方 1～1.5cm 处斜向上削一刀，削成一个上宽下窄的盾形芽片，捏住叶柄左右轻用力取下芽片。选择砧木基部皮层光滑部位横切一刀，再从横切口中间向下垂直切一刀，长1.0～1.5cm，深度以切断砧木皮层为度，形成一个T形切口，然后用刀挑开砧木皮层，将削切好的盾形芽片插入T形切口中，叶柄朝上，使芽片上部横切面与砧木横切面的皮层紧密对齐，最后用塑料绑带自下而上绑缚，露出芽和叶柄。

2. 带木质部芽接法　带木质部芽接法适宜在生长季和休眠期进行，嫁接时在接穗上芽的上部1.5～2cm处向下纵向削1刀，至芽下1cm处，再在芽下0.8～1cm处横向斜切1刀，取下削切好的长2.5cm左右的芽片。在砧木离地面10～15cm处，从上往下纵向削1刀，长2.5～3.0cm，再在下部横向斜削1刀，深达木质部，取下带木质部切片，砧木削切面略大于接穗芽片切面，将接穗芽片嵌入砧木切口，向下推紧，使芽片韧皮部至少有一边与砧木切口韧皮部对齐，用塑料绑带自下而上绑缚，芽眼露出。

五、嫁接后的管理

（一）剪砧

嫁接后在嫁接芽上方留1～2个小分枝或者3～5片叶进行剪砧。嫁接芽在20～25℃条件下愈合10～15d后即可萌芽，当嫁接芽萌发后生长至5～10cm时再次进行剪砧，在接芽上部留1～2cm剪去砧木，只留接芽新梢生长。

（二）除萌蘖

嫁接芽萌发以后，将砧木基部发出的萌蘖全部抹除，一般进行2～3次即可。

（三）肥水管理

当嫁接芽新梢生长至长20cm以上时，连续追肥2～3次，间隔30d，追肥量同砧木苗期追肥，结合追肥进行浇水和除草。夏季根据温室内土壤湿度进行浇水，每次浇水不宜过多。进入8月以后，苗木喷施0.3%磷酸二氢钾溶液1～2次，适当控肥控水，当苗木高度达1.0m以上时进行摘心，促进苗木充实。

(四) 病虫害防治

对砧木苗期以及嫁接后苗木上发生的蚜虫、卷叶蛾、梨小食心虫等，宜用3%啶虫脒乳油2 000倍液、20%吡虫啉可湿性粉剂2 500倍液、20%灭幼脲悬浮剂2 500倍液等药剂喷雾防治；对叶螨可用20%扫螨净可湿性粉剂2 000倍液，或25%三唑锡可湿性粉剂1 000倍液等防治；对穿孔病、炭疽病、缩叶病等病害宜用2%春雷霉素水剂500倍液，或50%甲基硫菌灵可湿性粉剂1 000倍液，或70%代森锰锌可湿性粉剂800倍液喷雾防治。

六、起苗

在11月中下旬，在苗木有50%以上的叶片脱落后即可起苗。起苗前对苗木品种进行核查，再次标记。起苗前10d左右浇一次水。分品种起苗，在苗旁边20cm外开沟、深挖，挖苗过程中尽可能多带侧根、细根，保留长20cm以上的根系，起苗过程中应防止二次机械损伤。

七、苗木的出圃

(一) 苗木的分级与标签

起苗后，根据苗木高度、苗木粗度、根系多少以及有无机械损伤和病虫危害等进行分级，用于出售和定植的苗木必须品种纯正，地上部枝条充实，芽体饱满，具有一定的高度和粗度，根系发达，须根多，未携带病虫害，无机械损伤，嫁接部位愈合良好。一级成苗要求品种和砧木纯度≥95%，侧根≥5条，侧根粗度≥0.5cm，侧根长度≥20cm，苗高≥90cm，地茎≥1.2cm，整形带内饱满芽数≥8个；二级苗要求品种和砧木纯度≥95%，侧根数≥3条，侧根粗度≥0.4cm，侧根长度≥20cm，苗高≥80cm，地茎≥1.0cm，整形带内饱满芽数≥6个。所有苗木须生长直立，嫁接口愈合良好，砧木剪除后剪口环状愈合，苗木无损伤和病虫害。对分级好的苗木，每50株为1捆，每捆拴挂2个相同的标签，标签上最好用铅笔注明苗木生产单位、地址、联系电话以及砧木、品种、苗龄、质量等级、数量、日期等信息。

（二）假植

在北方地区，桃树一般在春季栽植，也有小部分地区在秋季栽植。秋季栽植的苗木起苗稍早一些，起苗后可直接进行栽植或销售。对于不能及时栽植的苗木，起苗后须进行假植。假植时选择防寒、排水良好的地块挖假植沟，沟深60cm、宽80cm，将苗木倾斜摆放在沟内，用湿沙或疏松潮湿土壤回填，培土至苗木干高的1/3处，枝梢外露，使苗木根部与沙或土紧密接触，不留空隙，最后用草帘将苗木覆盖，洒水保湿。

（三）消毒

苗木入库前的消毒可以给苗木贮藏提供一个良好的无菌环境，可以更好地保证苗木的贮藏质量。对于需要进行越冬沙藏或贮藏的苗木，起苗后采用50%多菌灵可湿性粉剂500倍液进行消毒，消毒时将苗木在药液中浸泡3～5min，然后取出晾干枝干上的水分，再进行沙藏或贮藏。

（四）沙藏

沙藏时将苗木倾斜立于沙坑中，用干净湿沙将苗木根系盖严，培沙至苗木干高2/3处，用沙子将苗木根部空隙填实，再用塑料棚布将苗木梢部覆盖，每隔30d检查1次苗木根系周围沙子失水及苗木枝干病害情况。早春升温后及时通风洒水，避免苗木失水或棚膜下温度过高而烧苗。

（五）冷库贮藏

将消毒处理过的苗木置于冷库货架上，单层摆放，摆放时苗木与库板间隔50cm以上，防止库板与苗木形成密闭空间造成苗木局部无氧呼吸，也方便工作人员随时检查和搬运。摆放位置避开风机正下方。冷库内设置温度在0～3℃，空气相对湿度90%以上。每隔15d检查1次苗木失水及发病情况，对发病苗木用2%春雷霉素可湿性粉剂500倍液，或50%甲基硫菌灵可湿性粉剂1 000倍液等药剂喷雾防治。

附录四　桂林市阳朔县毛桃芽苗高效繁育技术

在我国广西壮族自治区桂林市阳朔县，由于当地独特的气候条件，使得毛桃芽苗繁育相对容易，将繁育好的毛桃芽苗移栽后生长一段时间再进行嫁接，以这种方式繁育的桃苗木在大小、整齐度和苗木质量方面均有了很大提升，育苗效率显著提高。近年来，桂林市阳朔县毛桃芽苗产业发展迅速，阳朔县生产的毛桃芽苗已成为支撑我国华中、华南以及西南等广大地区桃苗木产业发展的主要砧木。当地育苗工作者通过多年的探索和总结，形成了一套较为成熟的毛桃芽苗繁育技术体系。作者通过大量的实地调研，对毛桃芽苗的产业发展现状、繁育技术以及移栽和栽后管理等环节进行了总结，以期为桃苗木繁育工作者提供借鉴和参考。

一、地理气候特点

阳朔县位于广西壮族自治区东北部，属桂林市管辖，县城距桂林市区 65km，属中亚热带季风性气候，降水充沛，日照充足，温和湿润，四季分明。阳朔县年平均温度 19.5℃，1 月平均气温 8.9℃，8 月平均气温 28.3℃，5—9 月平均气温都在 20℃以上。

二、产业现状

阳朔县是我国毛桃芽苗主要产地，毛桃芽苗繁育和销售集散地主要集中在白沙镇，年生产毛桃芽苗 3 亿～4 亿株，主要供应广西、云南、贵州、福建、浙江、湖南等省份。毛桃芽苗从播种到起苗销售仅 4 个月左右时间，每亩可出圃毛桃芽苗 35 万～42 万株，当年出圃 30 万～35 万株，第 2 年还可出圃约 6 万株。育苗成本每公顷 15 万～18 万元，每亩效益 30 万～45 万元。生产效率高，苗木规格较统一，便于运输，移栽易成活，深受广大桃育苗者欢迎。

三、繁育技术

（一）苗圃地准备

苗圃应选择地势平坦、排水良好、土壤疏松肥沃、水源充足、背风向阳的地方。将圃地整平作垄，垄高20cm左右，宽1m，相邻两垄之间留30cm作为排水沟和操作通道，垄面中间0.8m宽的区域为播种区，垄长因地形和地块而异。用刮板将垄面刮平压实，防止播种后浇水或遇降水下沉，用刮板刮平垄面后将刮出的细土推到垄的两侧，然后压实。同时从圃地周边深挖或异地运回白土（未耕种的生土）整细，堆放于苗圃垄边备用。

（二）种子的准备

7—8月，采集当年生毛桃种子，淘洗干净后晾干，存于阴凉干燥处。播种前1～2d将种子用50%多菌灵可湿性粉剂600～800倍液，或75%百菌清可湿性粉剂800倍液，或70%噁霉灵可湿性粉剂3 000倍液浸泡12～36h，将浸泡好的种子捞出晾晒，晾干后装袋备用。

（三）播种

播种一般在11月上中旬进行。适宜的播种量为每亩1 500～1 750kg。播种时平整垄面，均匀撒铺一层种子，注意勿使种子重叠堆放，然后在种子上面均匀覆盖一层3～5cm厚的细土。覆土层干燥时可用喷雾器喷水至土层湿润。

（四）播种后管理

搭建小拱棚，覆盖薄膜保温防寒，提早出苗。1月下旬当温度回升到15℃以上时，种子开始萌发。萌芽前要经常检查土壤湿度，发现苗床表土变白时，要及时淋水，保持土壤湿润。

（五）起苗

2月下旬随着温度升高，种子逐渐萌芽出土，当苗木地上部分有3片以上叶片展开，苗高3～5cm时，为最佳起苗时间。起苗时用竹签（宽 3～4cm，长 20～30cm）将垄内幼苗移出，使芽苗尽可能多保留根系，按 50 株为 1 捆，用旧报纸包捆，露出苗尖即可，放置于阴凉处并浸水 3～5min，使报纸湿润，防止苗木失水。

（六）出圃

起苗并捆扎好的毛桃芽苗可进行换圃移栽或就近销售，此时的芽苗可存放 1～2d，对移栽成活影响不大。若远距离运输（24h 内到达），可用塑料筐、竹筐装运，须采取保湿措施以延长芽苗的货架期和贮运时间，运输过程中定期检查，注意不能直接喷水，否则易烧苗。

四、移栽及栽后管理

（一）移栽

芽苗移栽前，苗圃应施足基肥，作畦，畦面宽 1m，高 20～30cm。设施内移栽可拉遮阳网遮阳，露地移栽应选择在阴天或晴天的傍晚进行。移栽时按照行距 20～25cm、株距 10cm 在畦上开深 8～10cm 的沟，将毛桃芽苗顺序摆放整齐，覆细土后扶正压实，栽后立即淋水，淋水要轻，淋水后对外露的裸根再次覆少量细土盖严盖实。

（二）移栽后管理

移栽后注意淋水或喷雾，保持土壤湿润，若遇连续晴天须及时进行遮阳。芽苗移栽 2 周后，及时拔出个别死株，每 15d 喷施 1 次 0.1%尿素溶液，以促进苗木快速生长。针对苗期常见的立枯病、猝倒病和根腐病，可用 25%嘧菌酯悬浮液 1 500 倍液，或 1%噻霉酮水剂 600 倍液等交替喷雾防治，每隔 10～15d 喷雾 1 次。苗圃有地下害虫如蛴螬、地老虎等发生时，可使用 48%乐斯本乳油等药剂防治。

当幼苗地径达 0.6cm 以上时即可用作砧木进行嫁接。

附录五　桃砧木性状汇总表

砧木品种	起源国家	品种起源	树势	线虫抗性		李痘病毒	耐碱性	耐寒性	耐涝性	耐旱性	重茬	根瘤病	缺铁症	产量	备注
				Mi/Mj	Mx										
GF 305	法国	*P. persica* × *P. amigdalus*	1			不抗	否	否				不抗		高	与所有桃和油桃品种嫁接亲和
Montclar	法国	*P. persica*	2	抗	不抗	较抗	部分	否	适中				抗	高	种子产量高
Rubira	法国	*P. persica*	3	不抗	较抗	较抗	可能	否	适中			抗		高	对绿桃蚜有抗性，红叶，早产
P. S. B 2	意大利	*P. persica*	2	抗	不明	较抗	否	否	适中		抗			高	通过硬枝扦插繁殖，但对白粉病敏感，提高果实品质
Lovell、Halford	美国	*P. persica*	2	不抗	较抗	较抗	否	否	适中					高	具有苗木均匀、种子发芽率高的特点，与所有桃和油桃品种亲和
Nemaguard	美国	*P. persica*	1	抗	不抗	较抗	否	否	适中			抗	不抗		与桃和油桃品种亲和

（续）

砧木品种	起源国家	品种起源	树势	线虫抗性		李痘病毒	耐碱性	耐寒性	耐涝性	耐旱性	重茬	根瘤病	缺铁症	产量	备注
				Mi/Mj	Mx										
Guardian	美国	*P. persica*	1	抗	较抗	较抗	否	否	适中		抗				
Bailey	美国	*P. persica*	3	不抗	不抗	不抗	否	是	否					高	优异的嫁接力，种子发芽率较低
Siberian C	加拿大	*P. persica*	3	不抗	不抗	不抗	否	是	否			不抗			早产性好
GF 677	法国	*P. dulcis*×*P. persica*	1	不抗	不抗	不抗	是	否	否		抗		抗		通过绿枝和硬枝扦插繁殖，固地性好，与桃和油桃品种的嫁接亲和力较强
Adafuel	西班牙	*P. dulcis*×*P. persica*	1	不抗	不明	不抗	是	否	否			较抗			通过硬枝扦插繁殖，对白粉病、锈病、枯斑病、疫霉具有抗性
Garnem	西班牙	*P. dulcis*×*P. persica*	1	抗	不抗	较抗	是	否	否			不抗	抗		红叶，通过硬枝和绿枝扦插繁殖，也可以组培繁殖

（续）

砧木品种	起源国家	品种起源	树势	线虫抗性		李痘病毒	耐碱性	耐寒性	耐涝性	耐旱性	重茬	根瘤病	缺铁症	产量	备注
				Mi/Mj	Mx										
Felinem	西班牙	*P. dulcis*×*P. persica*	1	抗	不明	不抗	是	否	否			不抗	抗		红叶，根系活力高（高于 GF 677）
Adarcias	西班牙	*P. dulcis*×*P. persica*	2	不抗	不明	不抗	是	否	否						可以通过硬枝扦插繁殖
Sirio	意大利	*P. dulcis*×*P. persica*	3	不抗	不明	不明	是	否	否				抗	高	生根诱导能力较差，难以通过根蘖和压条繁殖，但可以通过插穗繁殖，通过组培繁殖更有效，早熟
Castore、Polluce	意大利	*P. dulcis*×*P. persica*	2	不明	不明	较抗	是	否	否	是				高	生根诱导能力较差，难以通过根蘖和压条繁殖，但可以通过插穗繁殖，通过组培繁殖更有效，早熟

（续）

砧木品种	起源国家	品种起源	树势	线虫抗性		李痘病毒	耐碱性	耐寒性	耐涝性	耐旱性	重茬	根瘤病	缺铁症	产量	备注
				Mi/Mj	Mx										
Hansen 2168	美国	*P. dulcis*×*P. persica*	1	抗	不抗	较抗	是	否	否			不抗	不抗		通过硬枝扦插繁殖，也可以进行组培繁殖
Hansen 536	美国	*P. dulcis*×*P. persica*	1	抗	不抗	抗	是	否	否			不抗	不抗		通过硬枝扦插繁殖，也可以进行组培繁殖
Nickels	美国	*P. dulcis*×*P. persica*	1	抗	不抗	较抗	是	否	否						
Empyrean 2 (Penta)	意大利	*P. domestica*	1	抗	较抗	不抗	是	否	是						
Empyrean 3 (Tetra)	意大利	*P. domestica*	2	抗	不抗	不抗	是	否	是						通过组培繁殖或硬枝扦插繁殖，嫁接易成活，固地性良好
Mr. S. 2/5	意大利	*P. cerasifera*	3	抗	不抗	抗	是	否	是		抗	抗			易于压条、硬枝扦插和组培繁殖，嫁接亲和力较强

（续）

砧木品种	起源国家	品种起源	树势	线虫抗性		李痘病毒	耐碱性	耐寒性	耐涝性	耐旱性	重茬	根瘤病	缺铁症	产量	备注
				Mi/Mj	Mx										
Krymsk 86	俄罗斯	*P. cerasifera*×*P. persica*	2		不明	较抗	是	是	是						通过绿枝和硬枝扦插繁殖，早熟
Krymsk 1	俄罗斯	*P. tomentosa*×*P. cerasifera*	3	不抗	不抗	较抗	是	是	是						
Krymsk 2	俄罗斯	*P. incana*×*P. tomentosa*	4	不抗	不明	不抗	部分	是	适中						
Adesoto 101	西班牙	*P. insititia*	3	抗	不抗	不抗	是	否	是						通过硬枝扦插和组培繁殖，早熟
Montizo	西班牙	*P. insititia*	3	抗	不抗	不抗	是	否	是						
Julior	法国	*P. insititia*×*P. domestica*	3	抗	不抗	不抗	部分	否	是						通过硬枝扦插和组培繁殖
Pumiselect	德国	*P. pumila*	3	抗	较抗	较抗	否	是	否				不抗		
Barrier1	意大利	*P. persica*	1	抗	不抗	不抗	是	否	是						
Cadaman	法国	*P. persica*	2	抗	不抗	不抗	是	否	是		抗		抗	高	通过绿枝或半硬枝扦插繁殖，早熟
Ishtara	法国	*P. persica*×*P. cerasifera*	3	抗	不抗	不明	否	否	适中			抗		高	可以通过硬枝或半硬枝扦插繁殖诱导出高产和较大的果实

（续）

砧木品种	起源国家	品种起源	树势	线虫抗性		李痘病毒	耐碱性	耐寒性	耐涝性	耐旱性	重茬	根瘤病	缺铁症	产量	备注
				Mi/Mj	Mx										
Myran	法国	*P. persica*× *P. cerasifera*	1	抗	不抗	不抗	否	否	是						通过硬枝和半硬枝扦插繁殖，有较强的嫁接亲和力
Controller 5	美国	*P. persica*× *P. cerasifera*	4	不抗	不抗	抗	否	否	否						
Viking	美国	不明	1	抗	较抗		是	否	是		抗				
Controller 9	美国	*P. cerasifera*× *P. persica*													
Flordaguard	美国	*P. persica*							否				不抗		红叶，易感染桃树胶流病
Monegro	西班牙	*Garfi*× *Nemared*					是		否						红叶，根系活力高(高于 GF 677)
MP-29	美国	*P. persica*× *P. cerasifera*		抗										高	红叶通过软枝或硬枝扦插繁殖，或组培繁殖
Nemared	美国	*P. persica*	1									抗			

（续）

砧木品种	起源国家	品种起源	树势	线虫抗性		李痘病毒	耐碱性	耐寒性	耐涝性	耐旱性	重茬	根瘤病	缺铁症	产量	备注
				Mi/Mj	Mx										
Sharpe	美国	*P. persica*×*P. cerasifera*													
Adaratas															
Damas C	英国	*P. domestica*													通过压条繁殖，但不能通过硬枝扦插繁殖
GF 43	法国		1						适中		否				与所有试验品种具有较强的嫁接亲和力
Hbok 27	美国													高	通过扦插和组培繁殖
Jam 23	美国	不明						是							红叶，开花晚，种子砧，种子产量高，发芽率高
Jaspi	法国	*P. salicina*×*P. spinosa*					是		是		抗				
K146-43	美国														

（续）

砧木品种	起源国家	品种起源	树势	线虫抗性		李痘病毒	耐碱性	耐寒性	耐涝性	耐旱性	重茬	根瘤病	缺铁症	产量	备注
				Mi/Mj	Mx										
Mr. S. 2/8	意大利	*P. cerasifera*									抗			高	易于压条繁殖、硬枝扦插和组培繁殖，嫁接亲和力较强，早熟
P. S. A 5	意大利	*P. persica*	3												早熟，果实质量提高
P. S. A 6	意大利	*P. dulcis*×*P. persica*	1											高	通过硬枝扦插繁殖
P. S. A 7	意大利	*P. domestica*	3						否						通过扦插繁殖
Pema	匈牙利						是			是			抗	高	与桃、扁桃嫁接亲和力强
Avimag	匈牙利						是			是			抗	高	与桃、扁桃嫁接亲和力强
Peda	匈牙利						是			是			抗	高	与桃、扁桃嫁接亲和力强
St. Julien A	法国	*P. insititia*					否	是							通过压条繁殖，也可以通过硬枝扦插繁殖

（续）

砧木品种	起源国家	品种起源	树势	线虫抗性		李痘病毒	耐碱性	耐寒性	耐涝性	耐旱性	重茬	根瘤病	缺铁症	产量	备注
				Mi/Mj	Mx										
St. Julien GF 655/2	法国	*P. insititia*					是		是	否	抗	抗		高	通过压条、硬枝扦插和组培繁殖，可以缓和树势，早熟
扁桃		*P. dulcis*								是					嫁接成活率低
甘肃桃	中国	*P. kansuensis*						是		是					嫁接树有矮化作用
弘子（HS）	日本							是	是	是	抗	抗			鲜有流胶发生
珲春桃	中国	*P. persica*×*P. davidiana*						是							
抗砧1号（暂定）	中国	*P. persica*								是	抗				耐高温，较抗生理性流胶病，扦插较易生根，与桃嫁接有小脚现象
李1号、李3号、李5号	中国	*P. cerasifera*													通过扦插或组培繁殖

（续）

砧木品种	起源国家	品种起源	树势	线虫抗性		李痘病毒	耐碱性	耐寒性	耐涝性	耐旱性	重茬	根瘤病	缺铁症	产量	备注
				Mi/Mj	Mx										
毛桃	中国	*P. persica*					是	是	否			抗			
青州蜜桃	中国	*P. persica*													分为早熟蜜桃、中熟蜜桃、晚熟蜜桃、特晚熟蜜桃和青州光桃
山桃	中国	*P. davidiana*					是	是	否	是		不抗	不抗		嫁接亲和力强
陕甘山桃	中国	*P. davidiana*							否	是					
新疆桃	中国	*P. ferganensis*						是		是					
豫农矮砧1号	中国	*P. persica*													不能结实，无法获得种子，阻碍了在生产中应用
浙砧1号	中国														鲜有流胶发生

（续）

砧木品种	起源国家	品种起源	树势	线虫抗性		李痘病毒	耐碱性	耐寒性	耐涝性	耐旱性	重茬	根瘤病	缺铁症	产量	备注
				Mi/Mj	Mx										
中桃抗砧1号	中国	*P. persica* × *P. persica*								是	抗		抗		通过无性繁殖保持优良性状，既可以作为桃的普通砧木，又可以作为重茬地桃的砧木，根系发达，与接穗亲和力强，对果实大小、形状和风味无不良影响
中桃砧1号	中国	*P. persica* × *P. persica*									抗				根系发达，苗木整齐、健壮，与桃、油桃等嫁接亲和力强，可用种子繁殖，也可扦插或组培繁殖

（续）

砧木品种	起源国家	品种起源	树势	线虫抗性		李痘病毒	耐碱性	耐寒性	耐涝性	耐旱性	重茬	根瘤病	缺铁症	产量	备注
				Mi/Mj	Mx										
筑波1号、筑波4号、筑波5号	日本													高	与栽培桃品种嫁接亲和力强，成花容易，结果早，果个大，品质好
筑波6号	日本						是		是						红叶
KV 10123	美国	*P. persica*	2												
KV 10127	美国	*P. persica*	2												
BH-5	美国	*P. dulcis*×*P. persica*	1												
Imperial California	意大利	*P. domestica*	4												
Mirobac	西班牙	*P. domestica*	1												
Fortuna	俄罗斯	*P. cerasifera*×*P. persica*	4												
Atlas	美国	不明	1												
P. americana	美国	*P. americana*	4												

注：树势1表示树势旺盛，树势2表示树势中庸，树势3表示树势较弱，树势4表示极矮化。Mi表示南方根结线虫，Mj表示爪哇根结线虫，Mx表示环线虫。

主要参考文献

陈建军，2020. 桃［M］. 兰州：甘肃科学技术出版社.

陈建军，郭磊，李宽莹，等，2020. 毛桃砧桃苗木高效繁育技术［J］. 林业科技通讯（11）：103-105.

陈建军，李宽莹，张帆，等，2018. 甘肃地区桃苗木繁育技术［J］. 甘肃农业科技（10）：92-94.

陈建军，牛茹萱，2015. 甘肃兰州桃树流胶病的发生现状及防治措施［J］. 中国果树（2）：74-76.

陈建军，牛茹萱，赵秀梅，2015. 兰州桃园梨小食心虫发生动态监测及其综合防控技术［J］. 中国植保导刊，35（11）：32-35.

陈建军，牛茹萱，赵秀梅，等，2016. 甘肃兰州桃园主要病虫害无公害综合防控技术［J］. 中国果树（3）：79-82.

陈建军，王鸿，李宽莹，等，2023. 兰州市桃产业现状与发展对策［J］. 北方园艺（8）：132-136.

陈建军，王鸿，张帆，等，2019. 影响桃苗木嫁接愈合的几种因素研究［J］. 甘肃农业科技（4）：10-13.

陈建军，王玉安，欧巧明，等，2013. 甘肃地方桃种质资源的遗传多样性［J］. 西北农业学报，22（7）：149-155.

陈建军，张帆，张雪冰，等，2018. 北方地区桃苗木标准化繁育技术［J］. 中国果树（5）：91-94.

郝兰兰，李小兰，张帆，等，2023. 桃嫩枝扦插不定根发育的分子机制［J］. 西北林学院学报，38（3）：108-116.

姜全，郭继英，赵剑波，2005. 桃生产技术大全［M］. 北京：中国农业出版社.

王发林，赵秀梅，王晨冰，等，2016. 甘肃地区桃产业技术［M］. 北京：中国农业出版社.

王鸿，马明，2001. 甘肃桃生产现状及发展方向［J］. 西北园艺（3）：4-6.

王鸿，张帆，张雪冰，等，2022. 不同桃自根砧对干旱胁迫的生理响应及抗逆机理研究 [J]. 寒旱农业科学，1 (10)：66-72.

王鸿，张雪冰，张帆，等，2020. 桃（*Prunus persica*）组培快繁研究进展 [J]. 分子植物育种，18 (10)：3348-3360.

张帆，王鸿，2018. 基质和激素对桃砧木 GF677 硬枝扦插生根的影响 [J]. 林业科技通讯，(12)：53-56.

张帆，王鸿，2019. 桃绿枝扦插研究进展 [J]. 中国果树 (2)：20-25.

张帆，王鸿，陈建军，等，2023. 桃无性系砧木不定根形成影响因子研究 [J]. 寒旱农业科学，2 (1)：59-65.

张雪冰，王鸿，张帆，等，2019. 山桃外植体的安全消毒方法研究 [J]. 甘肃农业科技 (6)：29-32.

张雪冰，王鸿，张帆，等，2023. 山桃生根成苗关键技术研究 [J]. 寒旱农业科学，2 (3)：270-274.

张雪冰，张帆，吴鑫泉，等，2020. 添加 IBA 和 6-BA 对山桃试管苗增殖及生根的影响 [J]. 甘肃农业科技 (6)：19-21.